5 단계

재미로 풀고 놀이로 익히는 **단계별 학습 프로그램**

비타민 바로 바로 수학

소담 주니어

비타민 바로바로 수학
이렇게 지도해 주세요

1 지적 호기심을 자극해 '수'를 즐기게 한다

호기심 많은 아이들의 뇌는 스펀지처럼 흡수력이 빠르므로 다양한 색을 통해 시각을 자극해 주고, 색 또는 모양의 패턴을 통해 수학의 기본을 학습하도록 합니다. 유아들이 수를 인식하기 시작할 때 호기심을 만족시키려는 자기 발견적인 흥미 위주의 교육이 되어야 학습 만족을 줄 수 있습니다.

2 능력에 맞게 생각하며 공부한다

비타민 바로바로 수학은 3~4세의 유아 단계부터 초등학교 입학 전 단계까지 과정에 맞추어 난이도가 확실히 구분되어 유아의 능력에 맞는 단계부터 시작할 수 있습니다. 기존의 단순한 문제 나열식이 아닌 원리를 익힌 후에 문제를 풀어 봄으로써 아이 스스로 원리를 깨우칠 수 있도록 생각하고, 사고할 수 있게 하였습니다.

3 익힘장으로 110% 복습을 하게 한다

어떻게 해야 우리 아이가 공부를 잘할 수 있을까? 공부의 기본은 복습입니다. 그러나 유아기의 아이들은 새로운 것에 더욱 호기심을 갖게 되므로 복습을 소홀히 할 수 있습니다. 그러나 가장 좋은 학습 방법은 한 번 배운 내용을 다시 익히고, 반복하는 과정을 통하여 아이의 뇌에 오랜 시간 기억할 수 있습니다. 「비타민 바로바로 수학」 시리즈는 복습을 철저히 활용하도록 내용을 체계적으로 구성하였습니다.

수학적 지능을 높여 주는 「비타민 바로바로 수학」 시리즈

「비타민 바로바로 수학」은 아이의 연령과 학습 능력을 고려하여 단계별로 학습할 수 있도록 8단계로 구성하였습니다. 지적 호기심 많은 유아들의 두뇌를 자극시키는 데 도움이 되도록 미로, 패턴, 추리, 창의적인 과정을 쉽고 재미있게 익힐 수 있도록 하였습니다. 「비타민 바로바로 수학」은 영아부터 초등학교 입학 전 아동이 배워야 할 학습 내용이 탄탄하게 구성되어 있으므로 무리한 학습 성취도를 요구하지 않고, 원리부터 이해할 수 있도록 "왜 그렇지?" 하고 생각하는 창의적인 힘을 기르게 하는 프로그램입니다.

구성과 특징

1단계 선 긋기, 비교, 싹싯기, 여러 가지 모양을 통해 자연스럽게 수학적 사고력을 발달시킵니다. 1~10까지의 수를 점과 그림을 통해 수학적 개념을 인지할 수 있도록 하였습니다.

2단계 개수 익히기, 수의 크기, 차례수, 사이의 수를 익히고, 수와 개수 관계를 이해하도록 하였습니다. 5 이하 수의 덧셈, 뺄셈을 익히게 하였습니다.

3단계 차례수, 모으기와 가르기를 통해 한 자리 수의 덧셈과 뺄셈을 자연스럽게 이해하도록 하였습니다. 30까지의 차례수를 읽고, 쓸 수 있어야 하고 큰 수와 작은 수 개념을 통해서 수인지를 확립하게 하였습니다.

4단계 수학적 기초 지식과 원리 이해는 판단력 발달을 가져옵니다. 비교 개념, 지능개발, 20~50까지의 수를 익히고 덧셈, 뺄셈을 바탕으로 좀더 심화된 학습을 하도록 하였습니다.

5단계 100까지의 차례수를 익히고 받아 올림이 없는 두 자리 수의 덧셈, 뺄셈을 익히도록 구성하여 덧셈과 뺄셈에 자신감과 성취감을 갖도록 구성하였습니다.

6단계 받아올림과 내림이 없는 덧셈과 뺄셈을 통한 계산력 향상을 바탕으로 10의 보수를 이해하고, 받아올림과 내림을 반복 학습함으로써 계산력에 자신감을 갖게 하였습니다.

7단계 묶음 수와 낱개의 개념이해를 바탕으로 그 개념을 심화하였습니다. 또 덧셈식, 뺄셈식 만들기, 세 수의 덧셈, 뺄셈 등을 익힐 수 있도록 구성하였습니다.

8단계 초등 1학년 수학 교과서를 바탕으로 구성했습니다. 학교 수학에 대한 두려움을 없애고, 수학에 자신감을 심어 줍니다.

규칙이 있어요

매우잘함 | 잘함 | 보통

◎ 빈 칸에 규칙에 맞는 색 스티커를 붙여 보세요.

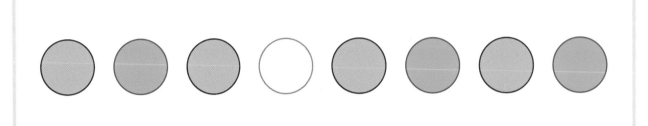

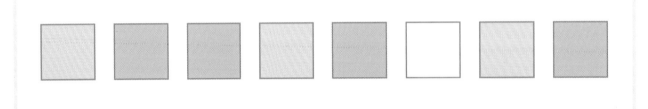

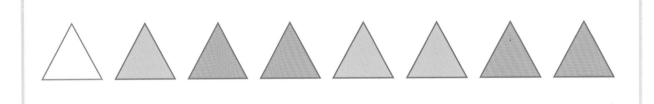

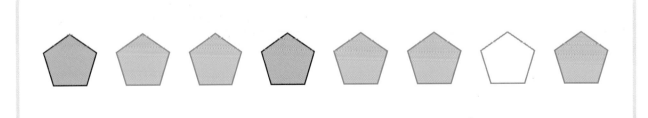

길 찾기

◎ ➡ 에서 ★까지 선을 그으며 찾아 가세요.

대칭을 만들어요

◎ 왼쪽과 오른쪽이 대칭이 되도록 도형 스티커를 붙여 보세요.

위에서 보았어요

◎ 왼쪽 도형을 위에서 본 그림자를 찾아 줄로 이어 보세요.

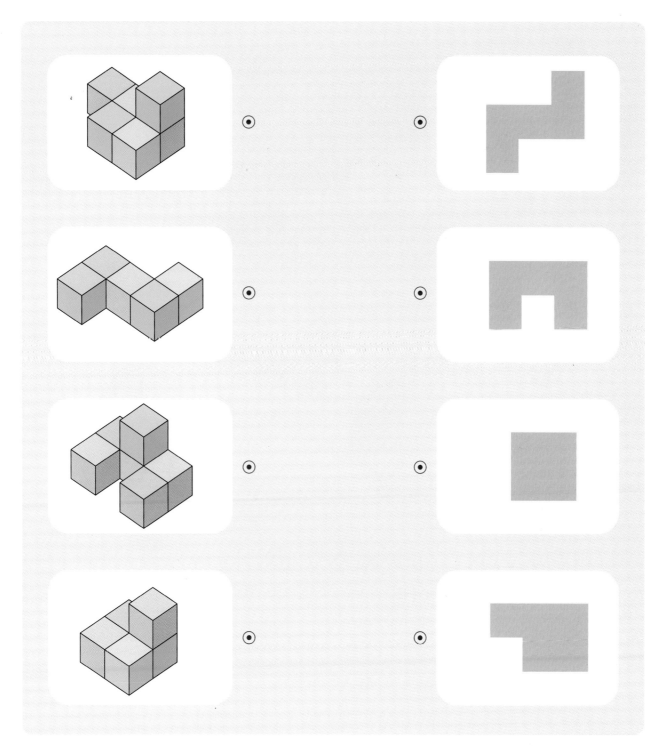

한 자리 수의 덧셈과 뺄셈

◎ 그림을 보고 ☐ 안에 알맞은 수를 써 보세요.

어린이 4명이 놀이터에서 놀고 있었어요.
2명이 더 왔다면 어린이는 모두 몇 명입니까?

$$4 + 2 = \boxed{} \ 명$$

한 자리 수의 덧셈과 뺄셈

◎ 덧셈을 하여 ☐ 안에 알맞은 수를 써 보세요.

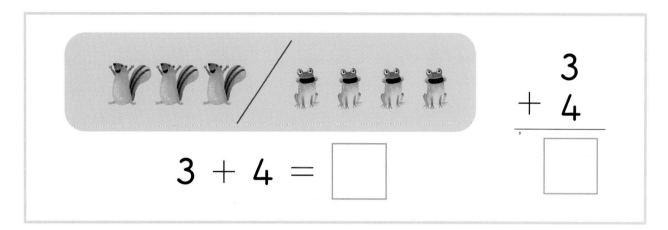

$$3 + 4 = \boxed{}$$

$$\begin{array}{r} 3 \\ +\ 4 \\ \hline \boxed{} \end{array}$$

$$3 + 2 = \boxed{}$$

$$\begin{array}{r} 3 \\ +\ 2 \\ \hline \boxed{} \end{array}$$

$$5 + 3 = \boxed{}$$

$$\begin{array}{r} 5 \\ +\ 3 \\ \hline \boxed{} \end{array}$$

한 자리 수의 덧셈과 뺄셈

◎ 그림을 보고 □ 안에 알맞은 수를 써 보세요.

강아지 5마리가 놀고 있었어요.
잠시 후, 2마리는 아이를 따라 갔어요.
남아 있는 강아지는 몇 마리입니까?

$$5 - 2 = \boxed{} \text{ 마리}$$

한 자리 수의 덧셈과 뺄셈

◎ 뺄셈을 하여 ☐ 안에 알맞은 수를 써 보세요.

$$4 - 2 = \boxed{}$$

$$\begin{array}{r} 4 \\ -\ 2 \\ \hline \boxed{} \end{array}$$

$$6 - 3 = \boxed{}$$

$$\begin{array}{r} 6 \\ -\ 3 \\ \hline \boxed{} \end{array}$$

$$5 - 3 = \boxed{}$$

$$\begin{array}{r} 5 \\ -\ 3 \\ \hline \boxed{} \end{array}$$

한 자리 수의 덧셈과 뺄셈

◎ 덧셈을 하여 ☐ 안에 알맞은 수를 써 보세요.

4 + 3 = ☐　　　　3 + 5 = ☐

3 + 6 = ☐　　　　2 + 6 = ☐

7 + 1 = ☐　　　　3 + 2 = ☐

5 + 4 = ☐　　　　6 + 3 = ☐

2 + 7 = ☐　　　　2 + 4 = ☐

```
   2        6        7        2
 + 5      + 1      + 2      + 2
 ----     ----     ----     ----
 [  ]     [  ]     [  ]     [  ]

   3        2        5        4
 + 3      + 3      + 1      + 4
 ----     ----     ----     ----
 [  ]     [  ]     [  ]     [  ]
```

한 자리 수의 덧셈과 뺄셈

◎ 뺄셈을 하여 ☐ 안에 알맞은 수를 써 보세요.

6 − 5 = ☐   6 − 2 = ☐

4 − 2 = ☐   7 − 5 = ☐

5 − 4 = ☐   9 − 6 = ☐

8 − 5 = ☐   5 − 2 = ☐

9 − 3 = ☐   8 − 3 = ☐

7	9	8	6
− 3	− 5	− 7	− 6
☐	☐	☐	☐
6	5	7	5
− 4	− 1	− 4	− 3
☐	☐	☐	☐

수 51~60 익히기

매우잘함 | 잘함 | 보통

◎ 51~60까지의 숫자를 읽고 바르게 써 보세요.

51	오십일 쉰하나	51	51	51		
52	오십이 쉰둘	52	52	52		
53	오십삼 쉰셋	53	53	53		
54	오십사 쉰넷	54	54	54		
55	오십오 쉰다섯	55	55	55		
56	오십육 쉰여섯	56	56	56		
57	오십칠 쉰일곱	57	57	57		
58	오십팔 쉰여덟	58	58	58		
59	오십구 쉰아홉	59	59	59		
60	육십 예순	60	60	60		

수 51~60 익히기

매우잘함 | 잘함 | 보통

◎ 두 수를 비교해 보고 더 작은 수에 ○해 보세요.

◎ 수의 차례에 맞게 ○안에 알맞은 수를 써 보세요.

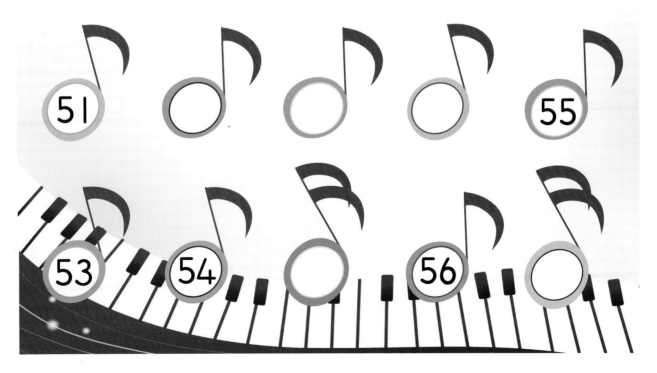

수 61~70 익히기

매우잘함 | 잘함 | 보통

◎ 61~70까지의 숫자를 읽고 바르게 써 보세요.

61	육십일 예순하나	61	61	61		
62	육십이 예순둘	62	62	62		
63	육십삼 예순셋	63	63	63		
64	육십사 예순넷	64	64	64		
65	육십오 예순다섯	65	65	65		
66	육십육 예순여섯	66	66	66		
67	육십칠 예순일곱	67	67	67		
68	육십팔 예순여덟	68	68	68		
69	육십구 예순아홉	69	69	69		
70	칠십 일흔	70	70	70		

수 61~70 익히기

◎ 두 수를 비교해 보고 더 큰 수에 ○해 보세요.

64 67

69 65

65 62

63 68

◎ ☐ 안에 알맞은 수를 써 보세요.

61 62 63 64 65 66 67 68 69 70

(1) 63 다음 수는 어떤 수입니까? ······················· ☐

(2) 64보다 3 큰 수는 어떤 수입니까? ···················· ☐

(3) 67과 69 사이의 수는 어떤 수입니까? ················· ☐

10의 보수

◎ 빈 칸에 알맞은 수 스티커를 붙여 보세요.

$$3 + \boxed{7} = 10$$

$$4 + \boxed{} = 10$$

$$5 + \boxed{} = 10$$

10의 보수

◎ 빈 칸에 알맞은 수를 써 보세요.

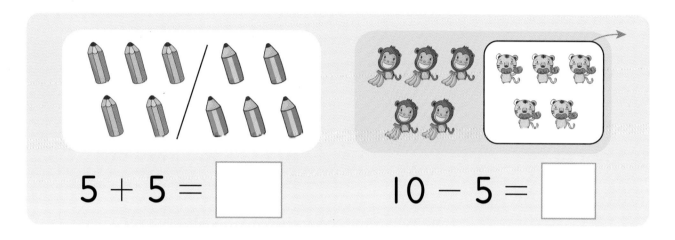

$5 + 5 =$ ☐　　　　$10 - 5 =$ ☐

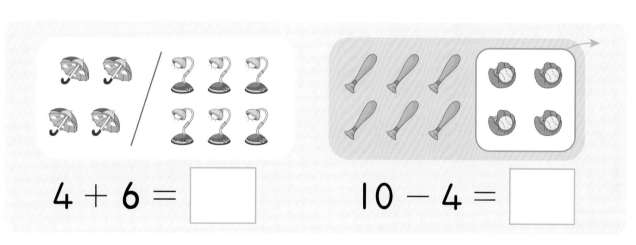

$4 + 6 =$ ☐　　　　$10 - 4 =$ ☐

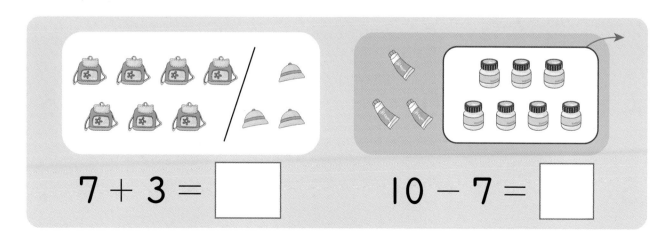

$7 + 3 =$ ☐　　　　$10 - 7 =$ ☐

10의 보수

◎ 빈 칸에 알맞은 수를 써 보세요.

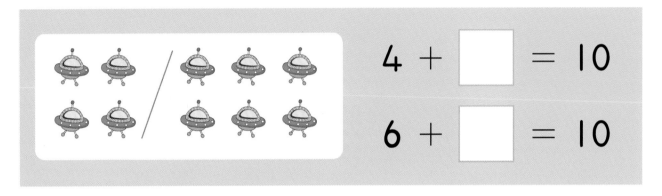

$$4 + \boxed{} = 10$$

$$6 + \boxed{} = 10$$

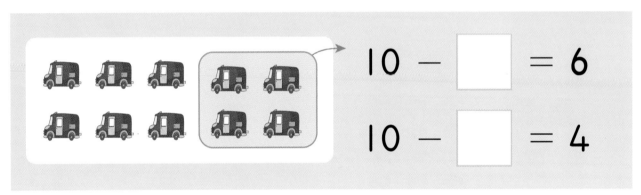

$$10 - \boxed{} = 6$$

$$10 - \boxed{} = 4$$

◎ □ 안에 알맞은 수를 쓰고 답이 같은 것끼리 이어 보세요.

$\boxed{} + 7 = 10$ •

• $10 - 7 = \boxed{}$

$4 + \boxed{} = 10$ •

• $10 - \boxed{} = 5$

$5 + \boxed{} = 10$ •

• $10 - \boxed{} = 4$

10의 보수

◎ 빈 칸에 알맞은 수를 써 보세요.

$7 +$ ☐ $= 10$　　　　$9 +$ ☐ $= 10$

$4 +$ ☐ $= 10$　　　　$3 +$ ☐ $= 10$

☐ $+ 2 = 10$　　　　☐ $+ 1 = 10$

☐ $+ 8 = 10$　　　　☐ $+ 5 = 10$

◎ 더하여 10이 되도록 수를 써 보세요.

10	4	5	2	7	3	6

10	3	9	6	5	1	8

누구의 그림자일까요?

◎ 왼쪽 그림자의 모습을 찾아 ○ 해 보세요.

토끼와 거북

매우잘함 | 잘함 | 보통

◎ 선생님이 들려주는 토끼와 거북 이야기를 듣고 에 들어갈 그림을 찾아 ○ 해 보세요.

세 수의 덧셈

매우잘함 | 잘함 | 보통

◎ 세 수의 덧셈을 하여 □ 안에 알맞은 수를 써 보세요.

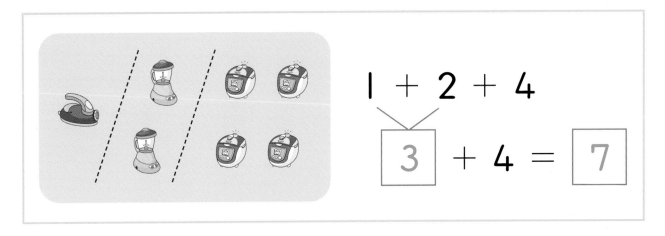

$$1 + 2 + 4$$
$$\boxed{3} + 4 = \boxed{7}$$

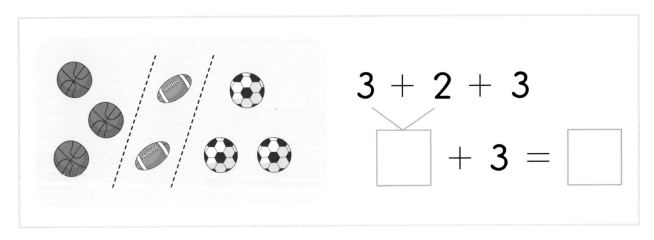

$$3 + 2 + 3$$
$$\boxed{} + 3 = \boxed{}$$

$$5 + 2 + 1$$
$$\boxed{} + 1 = \boxed{}$$

세 수의 덧셈

◎ 빈 칸에 알맞은 수 스티커를 붙여 보세요.

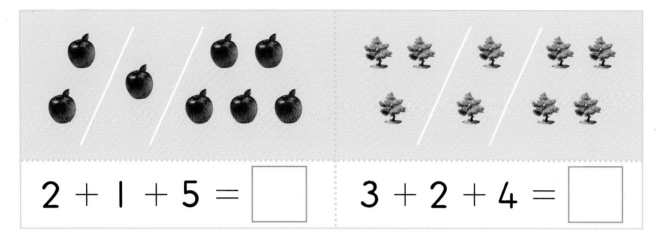

$2 + 1 + 5 = \boxed{}$ $3 + 2 + 4 = \boxed{}$

$1 + 2 + 3 = \boxed{}$ $4 + 1 + 2 = \boxed{}$

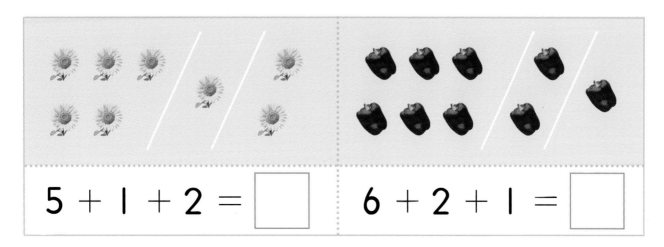

$5 + 1 + 2 = \boxed{}$ $6 + 2 + 1 = \boxed{}$

세 수의 덧셈

◎ ☐ 안에 알맞은 수를 써 보세요.

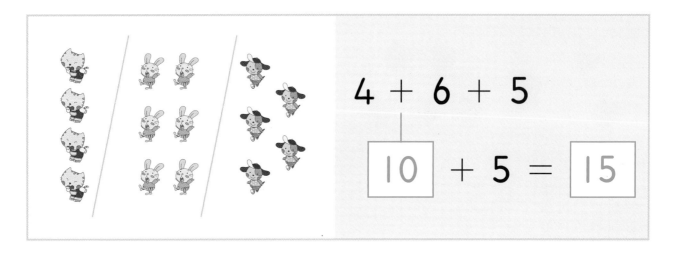

$$4 + 6 + 5$$

$$\boxed{10} + 5 = \boxed{15}$$

$$3 + 7 + 8$$
$$\boxed{} + 8 = \boxed{}$$

$$8 + 2 + 3$$
$$\boxed{} + 3 = \boxed{}$$

$$2 + 8 + 5$$
$$\boxed{} + 5 = \boxed{}$$

$$5 + 5 + 7$$
$$\boxed{} + 7 = \boxed{}$$

$$1 + 9 + 6$$
$$\boxed{} + 6 = \boxed{}$$

$$6 + 4 + 2$$
$$\boxed{} + 2 = \boxed{}$$

세 수의 덧셈

◎ 빈 칸에 알맞은 수를 써 보세요.

숲 속에 다람쥐 3마리, 토끼 2마리, 기린 2마리가 살았습니다.
동물은 모두 몇 마리입니까?

$\square + \square + \square = \square$ 마리

아람이네 집에는 사슴벌레 2마리, 장수 풍뎅이 4마리, 나비 3마리를
기릅니다. 아람이는 곤충을 모두 몇 마리 기릅니까?

$\square + \square + \square = \square$ 마리

식당에 남자 어른 5명, 여자 어른 5명, 어린이 4명이 있습니다.
식당에 있는 사람은 모두 몇 명입니까?

$\square + \square + \square = \square$ 명

정원에 장미꽃 7송이, 국화 3송이, 카네이션 5송이가 피었습니다.
정원에 핀 꽃은 모두 몇 송이입니까?

$\square + \square + \square = \square$ 송이

세 수의 뺄셈

◎ 세 수의 뺄셈을 하여 □ 안에 수를 써 보세요.

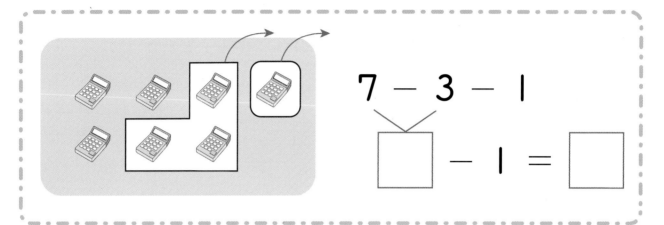

$$7 - 3 - 1$$

$$\boxed{} - 1 = \boxed{}$$

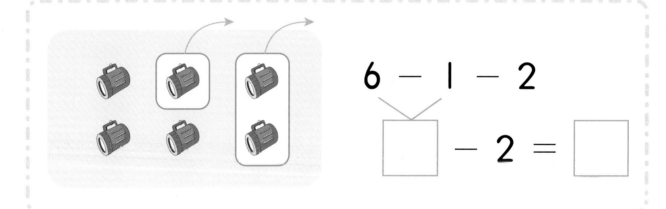

$$6 - 1 - 2$$

$$\boxed{} - 2 = \boxed{}$$

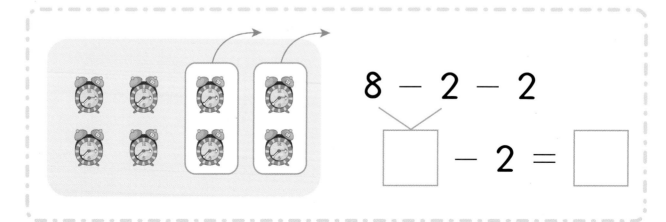

$$8 - 2 - 2$$

$$\boxed{} - 2 = \boxed{}$$

세 수의 뺄셈

◎ 세 수의 뺄셈을 하여 □ 안에 수를 써 보세요.

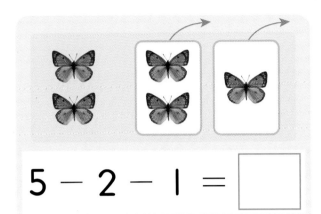

$$5 - 2 - 1 = \boxed{}$$

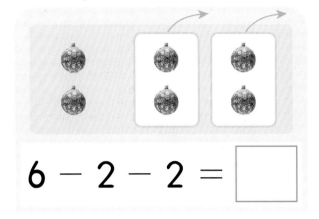

$$6 - 2 - 2 = \boxed{}$$

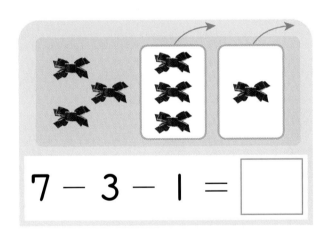

$$7 - 3 - 1 = \boxed{}$$

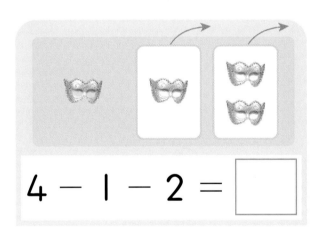

$$4 - 1 - 2 = \boxed{}$$

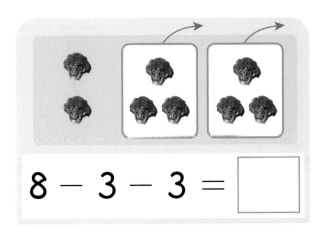

$$8 - 3 - 3 = \boxed{}$$

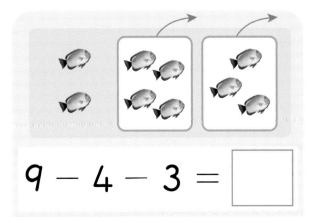

$$9 - 4 - 3 = \boxed{}$$

세 수의 뺄셈

◎ 뺄셈을 하여 ☐ 안에 알맞은 수를 써 보세요.

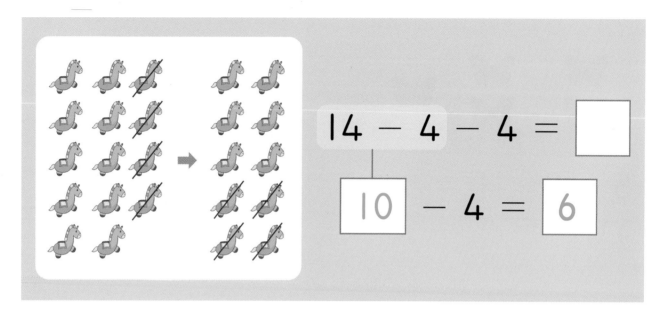

$$14 - 4 - 4 = \boxed{}$$

$$\boxed{10} - 4 = \boxed{6}$$

$$13 - 3 - 2$$

$$\boxed{} - 2 = \boxed{}$$

$$16 - 6 - 5$$

$$\boxed{} - 5 = \boxed{}$$

$$14 - 4 - 3$$

$$\boxed{} - 3 = \boxed{}$$

$$17 - 7 - 4$$

$$\boxed{} - 4 = \boxed{}$$

세 수의 뺄셈

◎ 글을 읽고 ☐ 안에 알맞은 수를 써 보세요.

민희는 사탕 13개를 가지고 있었습니다. 어제 3개, 오늘 2개를 먹었습니다. 남아 있는 사탕은 몇 개입니까?

 ☐ ― ☐ ― ☐ = ☐ 개

냉장고에 사과 15개가 있었습니다. 그 중 민정이가 5개, 동생이 3개를 먹었습니다. 남아 있는 사과는 몇 개입니까?

  ☐ ― ☐ ― ☐ = ☐ 개

놀이터에 14명의 어린이가 놀고 있었습니다. 잠시 후 4명이 집에 가고 다시 3명이 갔습니다. 놀이터에 남아 있는 어린이는 몇 명입니까?

 ☐ ― ☐ ― ☐ = ☐ 명

바나나 12개가 있었습니다. 원숭이에게 어제 2개를 주고, 오늘 2개를 주었습니다. 남아 있는 바나나는 몇 개입니까?

  ☐ ― ☐ ― ☐ = ☐ 개

수 71~80 익히기

| 매우잘함 | 잘함 | 보통 |

◎ 71~80까지의 숫자를 읽고 바르게 써 보세요.

71	칠십일 일흔하나	71	71	71		
72	칠십이 일흔둘	72	72	72		
73	칠십삼 일흔셋	73	73	73		
74	칠십사 일흔넷	74	74	74		
75	칠십오 일흔다섯	75	75	75		
76	칠십육 일흔여섯	76	76	76		
77	칠십칠 일흔일곱	77	77	77		
78	칠십팔 일흔여덟	78	78	78		
79	칠십구 일흔아홉	79	79	79		
80	팔십 여든	80	80	80		

수 71~80 익히기

◎ ○안에 1 작은 수와 1 큰 수를 써 보세요.

◎ 71~80까지의 수에서 사이의 수를 써 보세요.

71	72	73	74	75	76	77	78	79	80

71 ─ ◯ ─ 73   72 ─ ◯ ─ 74

75 ─ ◯ ─ 77   78 ─ ◯ ─ 80

76 ─ ◯ ─ 78   74 ─ ◯ ─ 76

73 ─ ◯ ─ 75   77 ─ ◯ ─ 79

수 81~90 익히기

◎ 81~90까지의 숫자를 읽고 바르게 써 보세요.

81	팔십일 여든하나	81	81	81		
82	팔십이 여든둘	82	82	82		
83	팔십삼 여든셋	83	83	83		
84	팔십사 여든넷	84	84	84		
85	팔십오 여든다섯	85	85	85		
86	팔십육 여든여섯	86	86	86		
87	팔십칠 여든일곱	87	87	87		
88	팔십팔 여든여덟	88	88	88		
89	팔십구 여든아홉	89	89	89		
90	구십 아흔	90	90	90		

수 81~90 익히기

매우잘함 잘함 보통

◎ 빈 칸에 1 작은 수와 1 큰 수를 알맞게 써 보세요.

1 작은 수		1 큰 수		1 작은 수		1 큰 수
81	82	83			87	
	85				86	

◎ 왼쪽 수보다 큰 수를 모두 찾아 ○해 보세요.

82　　75　86　81　84　79

85　　86　78　89　80　83

86　　83　89　81　79　90

89　　90　83　86　78　87

수 91~100 익히기

◎ 91~100까지의 숫자를 읽고 바르게 써 보세요.

91	구십일 아흔하나	91	91	91		
92	구십이 아흔둘	92	92	92		
93	구십삼 아흔셋	93	93	93		
94	구십사 아흔넷	94	94	94		
95	구십오 아흔다섯	95	95	95		
96	구십육 아흔여섯	96	96	96		
97	구십칠 아흔일곱	97	97	97		
98	구십팔 아흔여덟	98	98	98		
99	구십구 아흔아홉	99	99	99		
100	백	100	100	100		

수 91~100 익히기

◎ 빈 칸에 1 작은 수와 1 큰 수 스티커를 붙여 보세요.

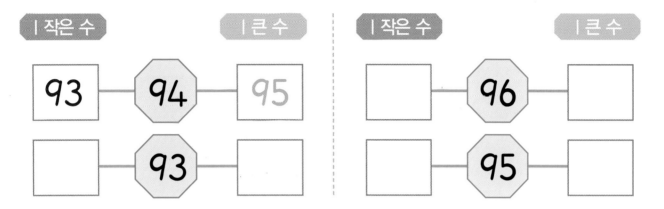

1 작은 수		1 큰 수
93	94	95
	93	

1 작은 수		1 큰 수
	96	
	95	

◎ 빈 칸에 알맞은 수를 써 보세요.

■ 위의 풍선에 있는 수를 작은 수부터 차례대로 써 보세요.

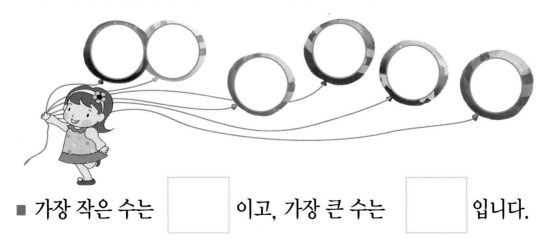

■ 가장 작은 수는 ☐ 이고, 가장 큰 수는 ☐ 입니다.

수 51~100 다지기

| 매우잘함 | 잘함 | 보통 |

◎ 10 작은 수와 10 큰 수를 □ 안에 써 보세요.

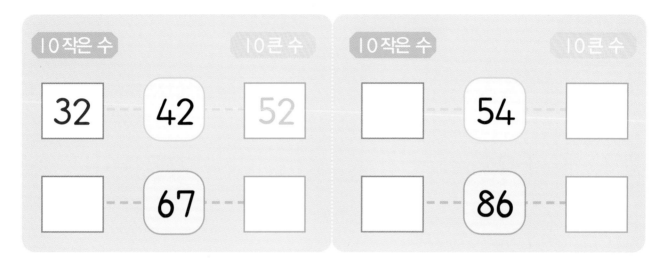

◎ 가장 큰 수에 ○ 가장 작은 수에 △해 보세요.

수 51~100 다지기

◎ 빈 칸에 1 작은 수와 1 큰 수를 써 보세요.

﹝1 작은 수﹞		﹝1 큰 수﹞		﹝1 작은 수﹞		﹝1 큰 수﹞
44	45	46			64	
	37				88	
	52				23	

◎ 왼쪽 수보다 작은 수를 모두 찾아 ○해 보세요.

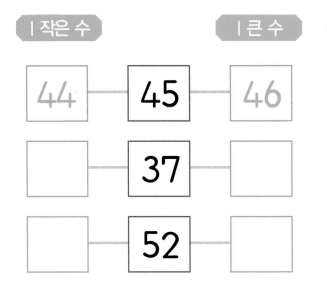

38　　29　　86
41　　34　　59

72　　63　　74
88　　91　　56

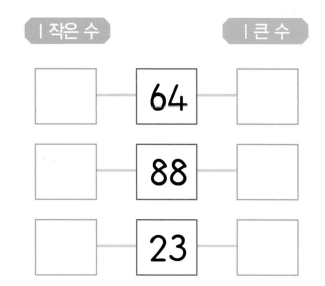

65　　81　　37
56　　98　　73

87　　89　　91
82　　68　　93

10 단위 수

◎ 사탕을 10개씩 묶고 바르게 써 보세요.

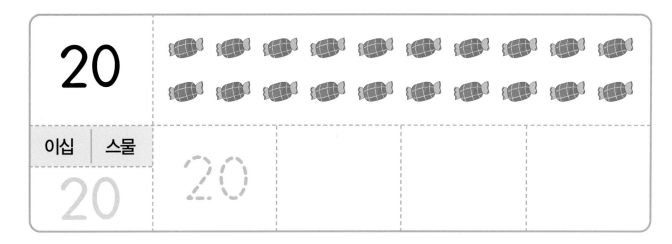

20			
이십 | 스물			
20	20		

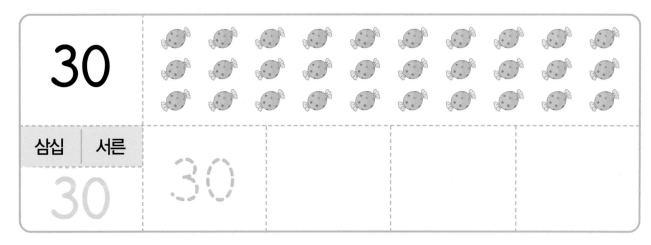

30			
삼십 | 서른			
30	30		

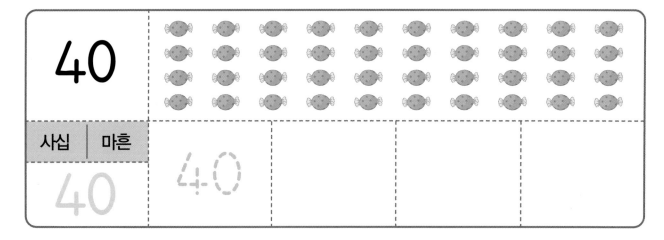

40			
사십 | 마흔			
40	40		

10 단위 수

매우잘함 | 잘함 | 보통

◎ 10 작은 수와 10 큰 수를 ☐ 안에 써 보세요.

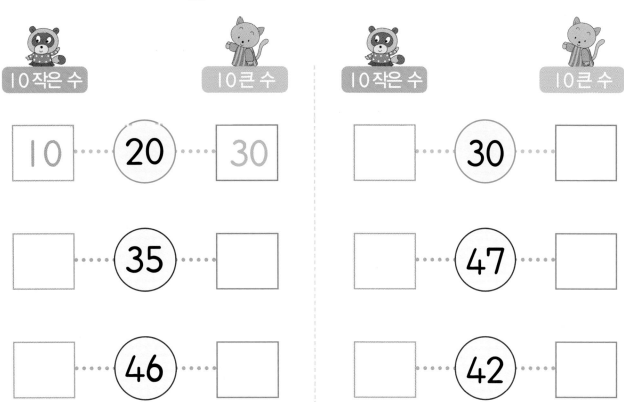

10작은 수		10큰 수		10작은 수		10큰 수
10	20	30		30		
	35			47		
	46			42		

◎ 수의 차례에 맞게 ◯ 안에 사이의 수를 스티커로 붙여 보세요.

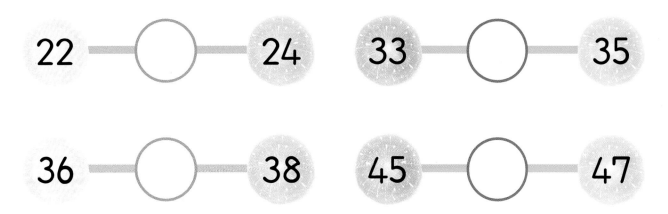

22 ◯ 24

33 ◯ 35

36 ◯ 38

45 ◯ 47

10 단위 수

매우잘함 | 잘함 | 보통

◎ 수를 읽고 바르게 써 보세요.

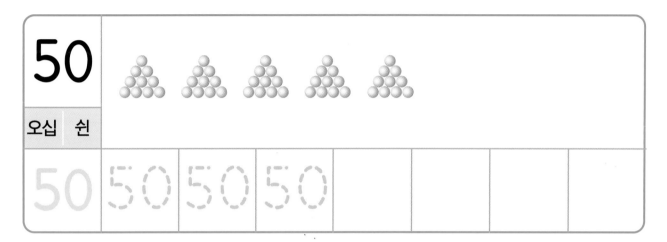

50							
오십 쉰							
50	50	50	50				

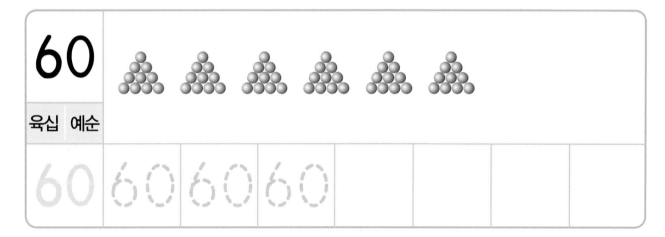

60							
육십 예순							
60	60	60	60				

70							
칠십 일흔							
70	70	70	70				

10 단위 수

매우잘함 | 잘함 | 보통

◎ ○안에 10 작은 수와 10 큰 수를 써 보세요.

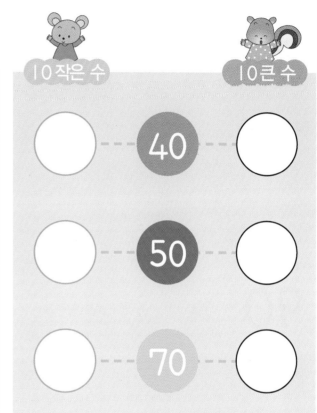

◎ ☐ 안에 사이의 수를 써 보세요.

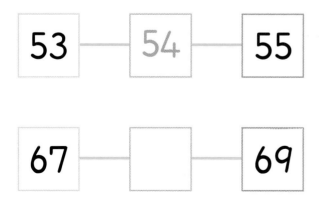

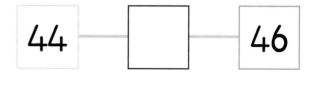

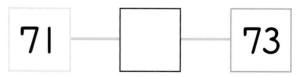

10 단위 수

◎ 수를 읽고 바르게 써 보세요.

80	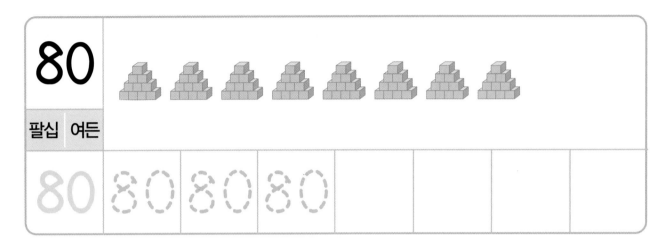
팔십 · 여든	
80	80 80 80

90	
구십 · 아흔	
90	90 90 90

100	
백	
100	100 100 100

10 단위 수

매우잘함 | 잘함 | 보통

◎ ○안에 10 작은 수와 10 큰 수를 써 보세요.

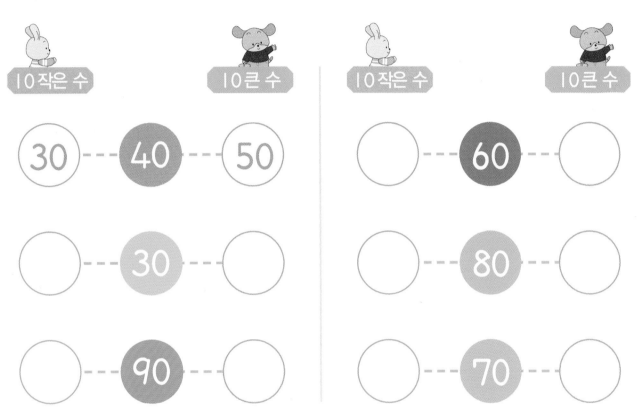

◎ □ 안에 사이의 수를 써 보세요.

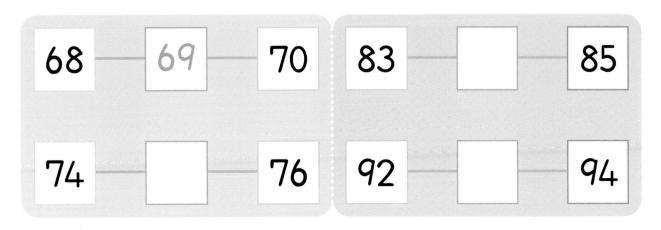

받아올림이 없는 두 자리 수 + 한 자리 수

◎ 덧셈을 하여 ☐ 안에 알맞은 수를 써 보세요.

12 + 4 = ☐

$$\begin{array}{r} 12 \\ +\ 4 \\ \hline 16 \end{array}$$

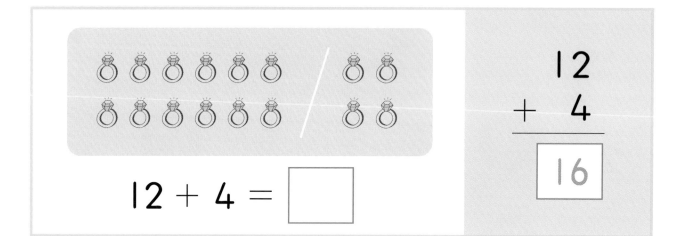

14 + 4 = ☐

$$\begin{array}{r} 14 \\ +\ 4 \\ \hline \end{array}$$

14 + 3 = ☐　　　　16 + 3 = ☐

17 + 2 = ☐　　　　13 + 5 = ☐

받아올림이 없는 두 자리 수 + 한 자리 수

◎ 덧셈을 하여 □ 안에 알맞은 수를 써 보세요.

15 + 3 = ☐

16 + 2 = ☐

23 + 4 = ☐

22 + 5 = ☐

34 + 5 = ☐

33 + 4 = ☐

$$\begin{array}{r} 12 \\ +\ 7 \\ \hline \end{array}$$
☐

$$\begin{array}{r} 26 \\ +\ 3 \\ \hline \end{array}$$
☐

$$\begin{array}{r} 31 \\ +\ 5 \\ \hline \end{array}$$
☐

$$\begin{array}{r} 14 \\ +\ 4 \\ \hline \end{array}$$
☐

$$\begin{array}{r} 22 \\ +\ 6 \\ \hline \end{array}$$
☐

$$\begin{array}{r} 35 \\ +\ 2 \\ \hline \end{array}$$
☐

$$\begin{array}{r} 21 \\ +\ 6 \\ \hline \end{array}$$
☐

$$\begin{array}{r} 36 \\ +\ 3 \\ \hline \end{array}$$
☐

받아올림이 없는 두 자리 수 + 한 자리 수 | 매우잘함 | 잘함 | 보통 |

◎ 덧셈을 하여 ☐ 안에 알맞은 수를 써 보세요.

$$34 + 5 = \boxed{}$$

$$\begin{array}{r} 34 \\ + 5 \\ \hline \boxed{} \end{array}$$

12 + 4 = ☐　　　16 + 3 = ☐

23 + 2 = ☐　　　41 + 8 = ☐

27 + 2 = ☐　　　43 + 4 = ☐

32 + 5 = ☐　　　26 + 3 = ☐

36 + 3 = ☐　　　15 + 4 = ☐

받아올림이 없는 두 자리 수 + 한 자리 수

◎ 덧셈을 하여 □ 안에 알맞은 수를 써 보세요.

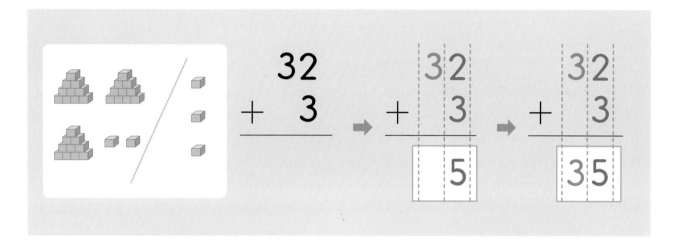

```
  32        32        32
+  3      +  3      +  3
          ─────     ─────
            5         35
```

```
  33        22        43        54
+  3      +  4      +  5      +  4
─────     ─────     ─────     ─────
```

```
  21        13        25        24
+  5      +  6      +  2      +  3
─────     ─────     ─────     ─────
```

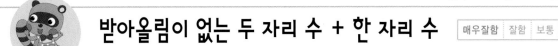

받아올림이 없는 두 자리 수 + 한 자리 수

◎ 덧셈을 하여 □ 안에 알맞은 수를 써 보세요.

43 + 4 = 47

$$43 + 4 = \boxed{47}$$

23 + 6 = □　　　24 + 2 = □

34 + 5 = □　　　14 + 3 = □

17 + 2 = □　　　26 + 1 = □

21 + 5 = □　　　52 + 6 = □

22 + 4 = □　　　33 + 2 = □

받아올림이 없는 두 자리 수 + 한 자리 수

매우잘함　잘함　보통

◎ 다음 덧셈을 해 보세요.

$13 + 5 =$ ☐　　$16 + 2 =$ ☐

$23 + 4 =$ ☐　　$31 + 7 =$ ☐

$36 + 3 =$ ☐　　$42 + 4 =$ ☐

```
  21        32        45        15
+  8      +  4      +  3      +  3
─────     ─────     ─────     ─────
 ☐         ☐         ☐         ☐
```

```
  34        47        62        53
+  3      +  2      +  5      +  4
─────     ─────     ─────     ─────
 ☐         ☐         ☐         ☐
```

받아내림이 없는 두 자리 수 - 한 자리 수 | 매우잘함 | 잘함 | 보통 |

◎ 뺄셈을 하여 ☐ 안에 알맞은 수 스티커를 붙여 보세요.

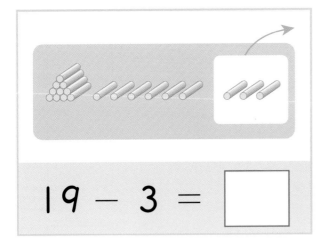

$$19 - 3 = \boxed{}$$

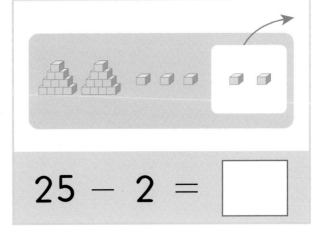

$$25 - 2 = \boxed{}$$

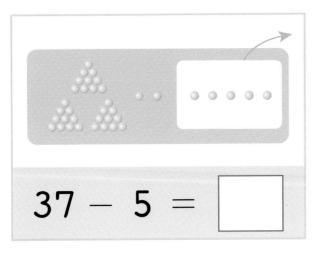

$$37 - 5 = \boxed{}$$

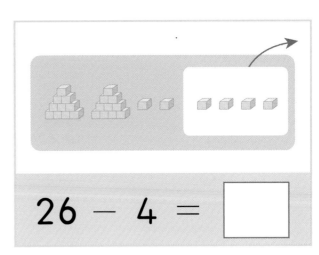

$$26 - 4 = \boxed{}$$

$$18 - 2 = \boxed{} \qquad 38 - 5 = \boxed{}$$

$$49 - 6 = \boxed{} \qquad 27 - 4 = \boxed{}$$

받아내림이 없는 두 자리 수 − 한 자리 수

매우잘함 | 잘함 | 보통

◎ 뺄셈을 하여 ☐ 안에 알맞은 수를 써 보세요.

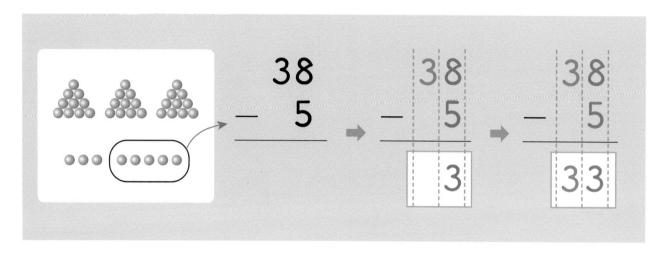

$$\begin{array}{r} 35 \\ -\ 3 \\ \hline \end{array}$$

$$\begin{array}{r} 54 \\ -\ 2 \\ \hline \end{array}$$

$$\begin{array}{r} 33 \\ -\ 2 \\ \hline \end{array}$$

$$\begin{array}{r} 27 \\ -\ 5 \\ \hline \end{array}$$

$$\begin{array}{r} 29 \\ -\ 4 \\ \hline \end{array}$$

$$\begin{array}{r} 23 \\ -\ 2 \\ \hline \end{array}$$

$$\begin{array}{r} 26 \\ -\ 6 \\ \hline \end{array}$$

$$\begin{array}{r} 48 \\ -\ 7 \\ \hline \end{array}$$

받아내림이 없는 두 자리 수 - 한 자리 수

매우잘함 | 잘함 | 보통

◎ 뺄셈을 하여 ☐ 안에 알맞은 수를 써 보세요.

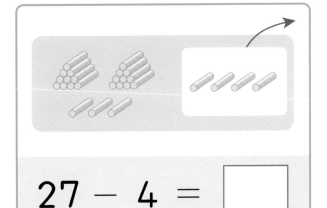

$$27 - 4 = \boxed{}$$

$$36 - 5 = \boxed{}$$

$$26 - 5 = \boxed{}$$

$$34 - 3 = \boxed{}$$

$$47 - 6 = \boxed{}$$

$$29 - 5 = \boxed{}$$

$$28 - 2 = \boxed{}$$

$$38 - 7 = \boxed{}$$

$$29 - 5 = \boxed{}$$

$$18 - 8 = \boxed{}$$

$$23 - 3 = \boxed{}$$

$$46 - 5 = \boxed{}$$

받아내림이 없는 두 자리 수 - 한 자리 수

◎ 다음 뺄셈을 해 보세요.

16 − 4 = ☐   25 − 5 = ☐

39 − 6 = ☐   24 − 3 = ☐

26 − 3 = ☐   19 − 8 = ☐

```
  43        29        32        48
-  2      -  6      -  2      -  4
-----    -----    -----    -----
 ☐        ☐        ☐        ☐
```

```
  17        33        25        56
-  5      -  2      -  3      -  6
-----    -----    -----    -----
 ☐        ☐        ☐        ☐
```

묶음과 낱개

◎ 그림의 수를 세어 묶음 수와 낱개 수를 쓰고 ○ 안에 수를 써 보세요.

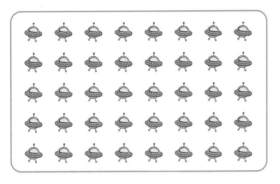

10개씩 묶음	낱개
4	0

→ (40)

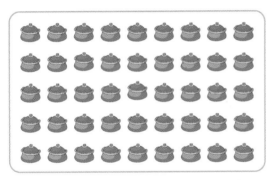

10개씩 묶음	낱개

→ (　)

10개씩 묶음	낱개

→ (　)

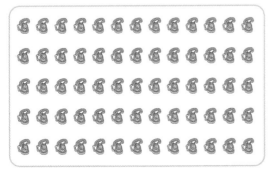

10개씩 묶음	낱개

→ (　)

묶음과 낱개

◎ 묶음 수와 낱개 수를 쓰고 ☐ 안에 알맞은 수를 써 보세요.

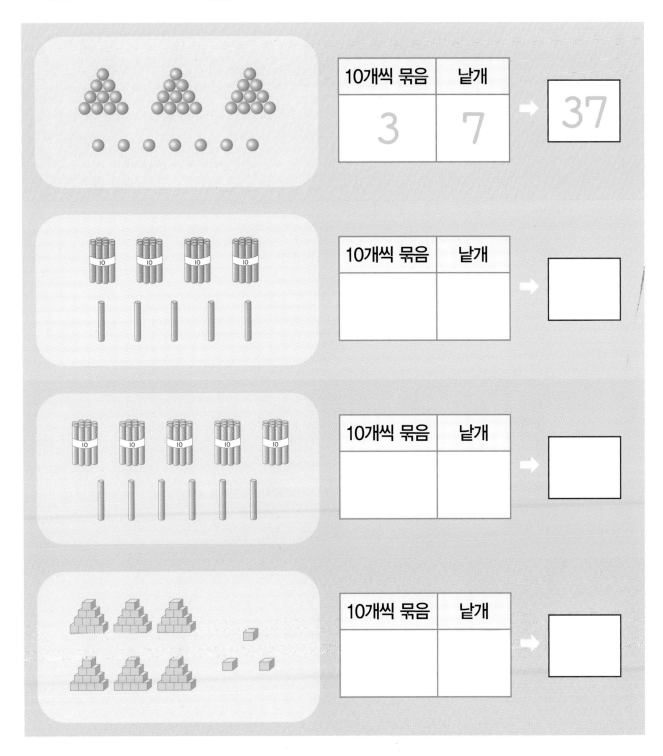

10개씩 묶음	낱개
3	7

→ 37

10개씩 묶음	낱개

→

10개씩 묶음	낱개

→

10개씩 묶음	낱개

→

묶음과 낱개

◎ 그림을 보고 묶음 수와 낱개 수로 써 보세요.

그림	10개씩 묶음 수	낱개 수	그림	10개씩 묶음 수	낱개 수
	1	10		6	60

묶음과 낱개

매우잘함 | 잘함 | 보통

◎ 그림을 보고 빈 칸에 알맞은 수를 써 보세요.

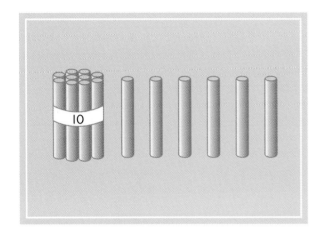

10개씩 묶음	낱개
1	6

➡ ◯

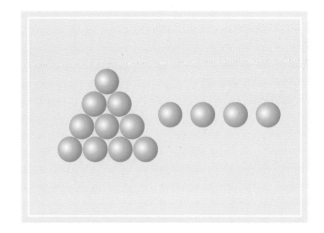

10개씩 묶음	낱개

➡ ◯

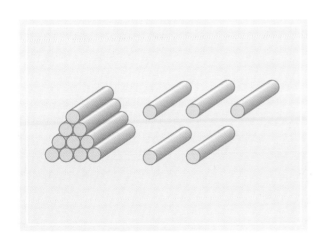

10개씩 묶음	낱개

➡ ◯

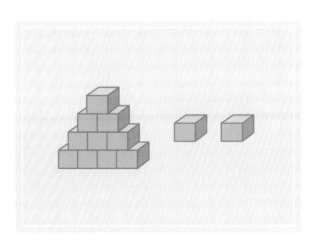

10개씩 묶음	낱개

➡ ◯

2~9의 보수

◎ 두 수를 더해서 2와 3이 되는 수를 써 보세요.

2	0	1	2	0	1	2
	2					

3	1	2	3	0	3	2
	2					

◎ □ 안에 알맞은 수를 써 보세요.

0 + □ = 2　　　　□ + 0 = 2

1 + □ = 2　　　　□ + 2 = 2

2 + □ = 2　　　　□ + 1 = 2

3 + □ = 3　　　　□ + 2 = 3

0 + □ = 3　　　　□ + 1 = 3

2~9의 보수

매우잘함 잘함 보통

◎ 두 수를 더해서 4와 5가 되는 수를 써 보세요.

	1	2	3	4	0	1
4	3					

	1	2	3	4	5	0
5	4					

◎ ☐ 안에 알맞은 수를 써 보세요.

2 + ☐ = 4

3 + ☐ = 4

1 + ☐ = 4

4 + ☐ = 5

3 + ☐ = 5

☐ + 0 = 4

☐ + 1 = 4

☐ + 2 = 5

☐ + 1 = 5

☐ + 2 = 5

2~9의 보수

◎ 빈 칸에 두 수를 더해서 6과 7이 되는 수를 써 보세요.

6	1	3	5	0	2	4
	5					

7	0	1	3	5	2	4
	7					

◎ □ 안에 알맞은 수를 써 보세요.

$3 + \square = 6$

$4 + \square = 6$

$5 + \square = 6$

$6 + \square = 7$

$4 + \square = 7$

$\square + 2 = 6$

$\square + 3 = 6$

$\square + 4 = 7$

$\square + 5 = 7$

$\square + 6 = 7$

2~9의 보수

◎ 빈 칸에 두 수를 더해서 8과 9가 되는 수를 써 보세요.

8

7	4	3	6	5	2
1					

9

1	2	5	3	4	6
8					

◎ □ 안에 알맞은 수를 써 보세요.

1 + □ = 8	□ + 4 = 8
2 + □ = 8	□ + 6 = 8
3 + □ = 8	□ + 4 = 9
6 + □ = 9	□ + 5 = 9
7 + □ = 9	□ + 8 = 9

받아올림이 있는 한 자리 수 + 한 자리 수

◎ 그림을 보고 □ 안에 알맞은 수를 써 보세요.

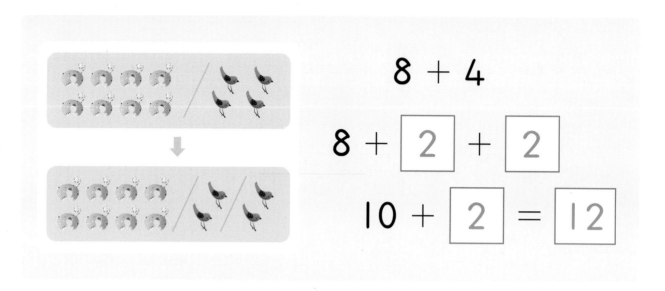

8 + 4

8 + [2] + [2]

10 + [2] = [12]

5 + 9

5 + [5] + [4]

10 + [ ]   = [ ]

9 + 6

9 + [1] + [5]

10 + [ ]   = [ ]

6 + 7

6 + [4] + [3]

10 + [ ]   = [ ]

8 + 5

8 + [2] + [3]

10 + [ ]   = [ ]

받아올림이 있는 한 자리 수 + 한 자리 수

◎ ☐ 안에 알맞은 수를 써 보세요.

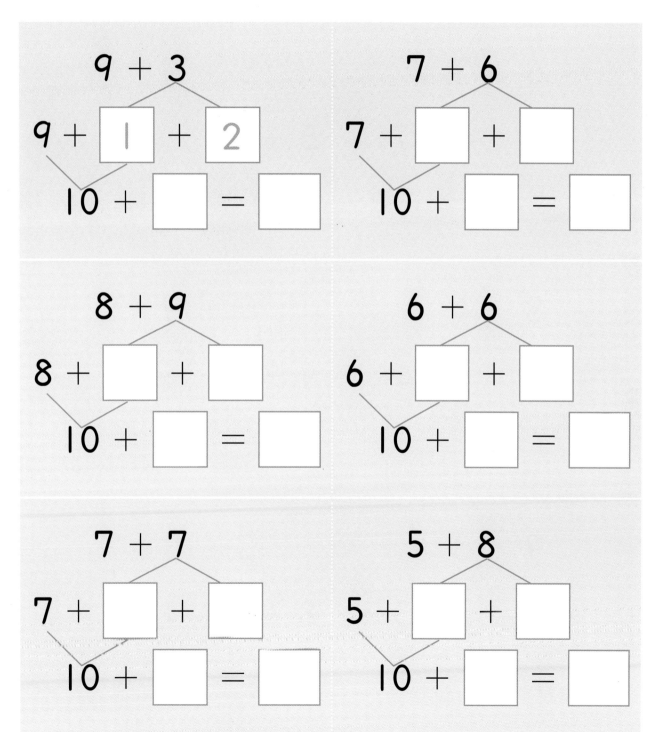

9 + 3

9 + ☐1☐ + ☐2☐

10 + ☐ = ☐

7 + 6

7 + ☐ + ☐

10 + ☐ = ☐

8 + 9

8 + ☐ + ☐

10 + ☐ = ☐

6 + 6

6 + ☐ + ☐

10 + ☐ = ☐

7 + 7

7 + ☐ + ☐

10 + ☐ = ☐

5 + 8

5 + ☐ + ☐

10 + ☐ = ☐

받아올림이 있는 한 자리 수 + 한 자리 수

매우잘함 | 잘함 | 보통

◎ ▢ 안에 알맞은 수를 써 보세요.

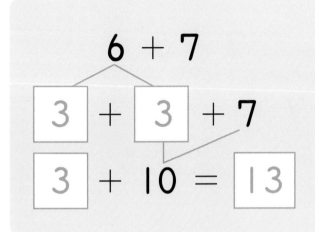

$6 + 7$

$3 + 3 + 7$

$3 + 10 = 13$

$5 + 9$

$5 + 5 + 4$

$10 + 4 = 14$

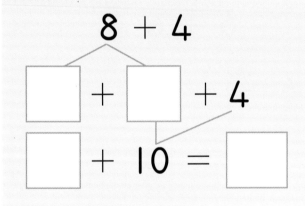

$8 + 4$

$\square + \square + 4$

$\square + 10 = \square$

$9 + 3$

$\square + \square + 3$

$\square + 10 = \square$

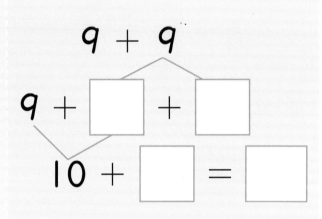

$9 + 9$

$9 + \square + \square$

$10 + \square = \square$

$8 + 8$

$8 + \square + \square$

$10 + \square = \square$

받아올림이 있는 한 자리 수 + 한 자리 수

◎ ☐ 안에 알맞은 수를 써 보세요.

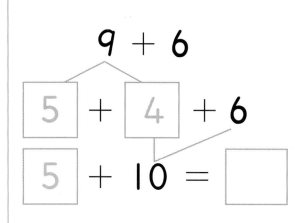

$9 + 6$

$5 + 4 + 6$

$5 + 10 = \boxed{}$

$3 + 8$

$3 + 7 + 1$

$10 + 1 = \boxed{}$

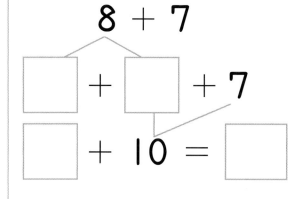

$8 + 7$

$\boxed{} + \boxed{} + 7$

$\boxed{} + 10 = \boxed{}$

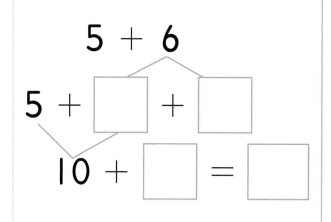

$5 + 6$

$5 + \boxed{} + \boxed{}$

$10 + \boxed{} = \boxed{}$

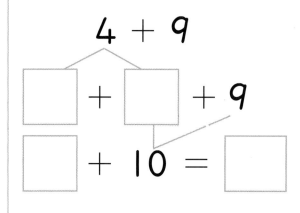

$4 + 9$

$\boxed{} + \boxed{} + 9$

$\boxed{} + 10 = \boxed{}$

$5 + 8$

$5 + \boxed{} + \boxed{}$

$10 + \boxed{} = \boxed{}$

받아올림이 있는 한 자리 수 + 한 자리 수

매우잘함 | 잘함 | 보통

◎ 그림을 보고 ☐ 안에 알맞은 수를 써 보세요.

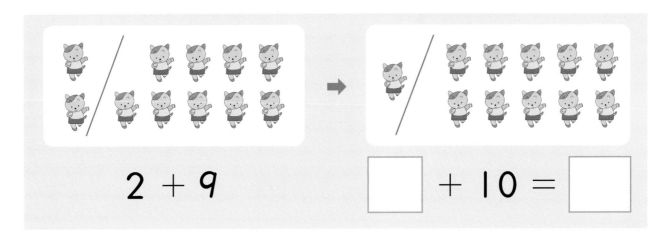

$$2 + 9$$

$$\boxed{} + 10 = \boxed{}$$

$$5 + 8$$

$$\boxed{} + 10 = \boxed{}$$

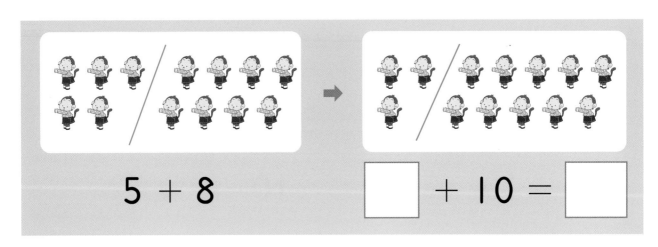

$$6 + 9$$

$$\boxed{} + 10 = \boxed{}$$

받아올림이 있는 한 자리 수 + 한 자리 수

매우잘함 | 잘함 | 보통

◎ 그림을 보고 ☐ 안에 알맞은 수 스티커를 붙여 보세요.

$5 + 6 =$ ☐

$8 + 6 =$ ☐

$9 + 7 =$ ☐

$9 + 8 =$ ☐

$7 + 6 =$ ☐

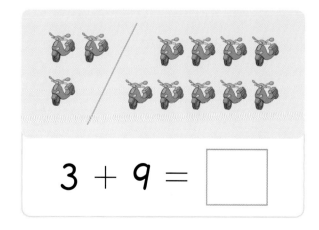

$3 + 9 =$ ☐

받아올림이 있는 한 자리 수 + 한 자리 수

◎ 덧셈을 하여 ☐ 안에 알맞은 수를 써 보세요.

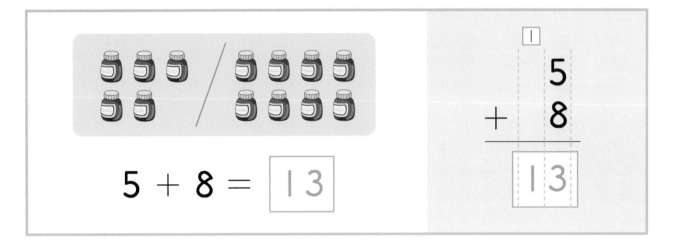

$$5 + 8 = \boxed{13}$$

$$\begin{array}{r} \boxed{1} \\ 5 \\ + \quad 8 \\ \hline \boxed{13} \end{array}$$

$$4 + 9 = \boxed{} \qquad 8 + 7 = \boxed{}$$

$$6 + 8 = \boxed{} \qquad 5 + 6 = \boxed{}$$

$$9 + 3 = \boxed{} \qquad 3 + 7 = \boxed{}$$

$$\begin{array}{r} 7 \\ + \quad 9 \\ \hline \boxed{} \end{array} \qquad \begin{array}{r} 8 \\ + \quad 6 \\ \hline \boxed{} \end{array} \qquad \begin{array}{r} 5 \\ + \quad 9 \\ \hline \boxed{} \end{array} \qquad \begin{array}{r} 6 \\ + \quad 5 \\ \hline \boxed{} \end{array}$$

받아올림이 있는 한 자리 수 + 한 자리 수

◎ 덧셈을 하여 ☐ 안에 알맞은 수를 써 보세요.

$6 + 7 = $ ☐ $7 + 9 = $ ☐

$9 + 3 = $ ☐ $3 + 8 = $ ☐

$6 + 6 = $ ☐ $5 + 5 = $ ☐

$3 + 9 = $ ☐ $9 + 4 = $ ☐

$9 + 6 = $ ☐ $5 + 7 = $ ☐

$8 + 8 = $ ☐ $8 + 5 = $ ☐

받아올림이 있는 한 자리 수 + 한 자리 수 | 매우잘함 | 잘함 | 보통 |

◎ 덧셈을 하여 □ 안에 알맞은 수를 써 보세요.

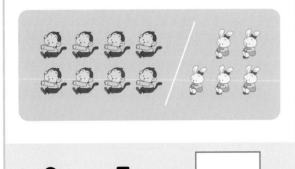

$8 + 5 =$ □

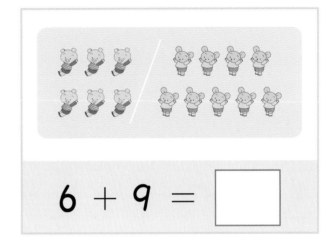

$6 + 9 =$ □

$7 + 6 =$ □　　　　$3 + 8 =$ □

$8 + 7 =$ □　　　　$6 + 6 =$ □

$9 + 4 =$ □　　　　$5 + 9 =$ □

□
　3
+ 9
────
□

□
　8
+ 6
────
□

□
　5
+ 7
────
□

□
　2
+ 8
────
□

받아올림이 있는 한 자리 수 + 한 자리 수

◎ 글을 읽고 □ 안에 알맞은 수를 써 보세요.

시냇가에 오리 5마리가 놀고 있었습니다. 잠시 후, 개구리 7마리가
놀러 왔습니다. 모두 몇 마리입니까?

□ + □ = □ 마리

놀이터에 여자 어린이 5명과 남자 어린이 8명이 놀고 있습니다.
어린이는 모두 몇 명입니까?

□ + □ = □ 명

영호는 어제 동화책 7권을 읽고, 오늘 6권을 읽었습니다.
영호는 동화책을 모두 몇 권 읽었습니까?

□ + □ = □ 권

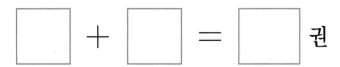

받아내림이 있는 두 자리 수 − 한 자리 수

매우잘함 | 잘함 | 보통

◎ 그림을 보고 ☐ 안에 알맞은 수 스티커를 붙여 보세요.

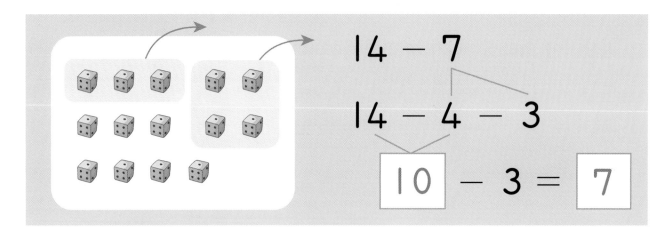

$$14 - 7$$
$$14 - 4 - 3$$
$$\boxed{10} - 3 = \boxed{7}$$

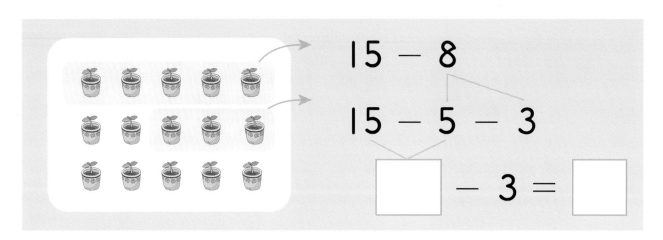

$$15 - 8$$
$$15 - 5 - 3$$
$$\boxed{} - 3 = \boxed{}$$

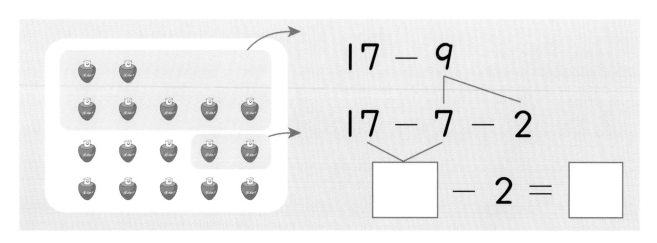

$$17 - 9$$
$$17 - 7 - 2$$
$$\boxed{} - 2 = \boxed{}$$

받아내림이 있는 두 자리 수 − 한 자리 수

매우잘함 | 잘함 | 보통

◎ □ 안에 알맞은 수를 써 보세요.

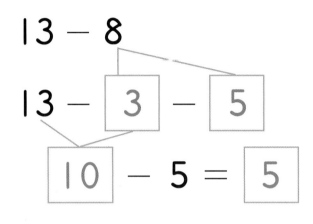

$$13 - 8$$
$$13 - \boxed{3} - \boxed{5}$$
$$\boxed{10} - 5 = \boxed{5}$$

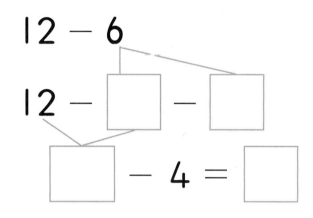

$$12 - 6$$
$$12 - \boxed{} - \boxed{}$$
$$\boxed{} - 4 = \boxed{}$$

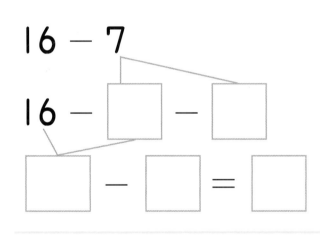

$$16 - 7$$
$$16 - \boxed{} - \boxed{}$$
$$\boxed{} - \boxed{} = \boxed{}$$

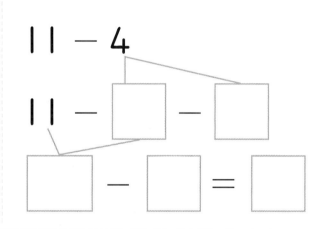

$$11 - 4$$
$$11 - \boxed{} - \boxed{}$$
$$\boxed{} - \boxed{} = \boxed{}$$

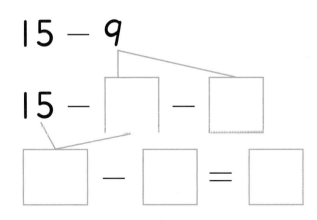

$$15 - 9$$
$$15 - \boxed{} - \boxed{}$$
$$\boxed{} - \boxed{} = \boxed{}$$

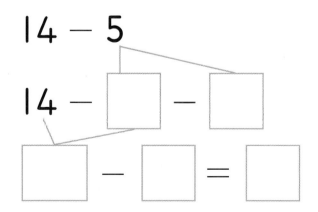

$$14 - 5$$
$$14 - \boxed{} - \boxed{}$$
$$\boxed{} - \boxed{} = \boxed{}$$

받아내림이 있는 두 자리 수 – 한 자리 수

매우잘함 | 잘함 | 보통

◎ 그림을 보고 ☐ 안에 알맞은 수를 써 보세요.

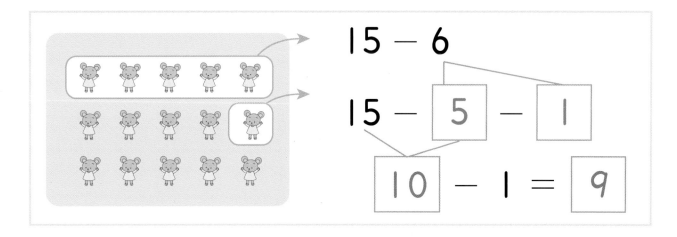

$$15 - 6$$

$$15 - \boxed{5} - \boxed{1}$$

$$\boxed{10} - 1 = \boxed{9}$$

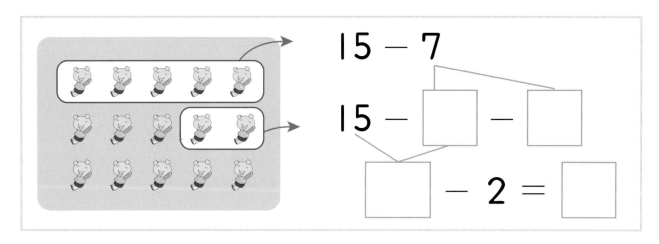

$$15 - 7$$

$$15 - \boxed{} - \boxed{}$$

$$\boxed{} - 2 = \boxed{}$$

$$12 - 4$$

$$12 - \boxed{} - \boxed{}$$

$$\boxed{} - 2 = \boxed{}$$

받아내림이 있는 두 자리 수 − 한 자리 수

◎ ☐ 안에 알맞은 수를 써 보세요.

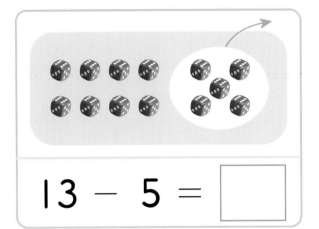

$$13 - 5 = \boxed{}$$

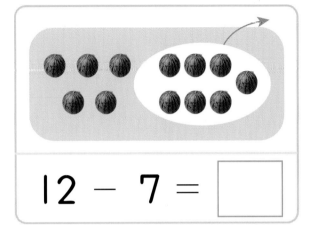

$$12 - 7 = \boxed{}$$

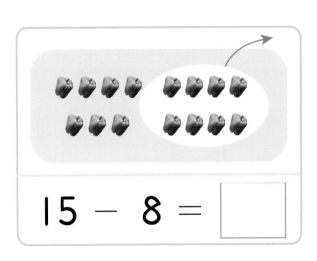

$$15 - 8 = \boxed{}$$

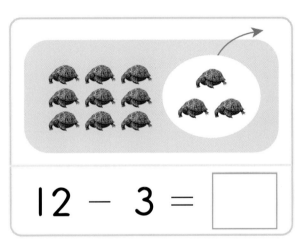

$$12 - 3 = \boxed{}$$

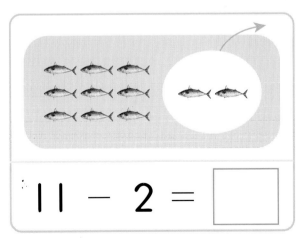

$$11 - 2 = \boxed{}$$

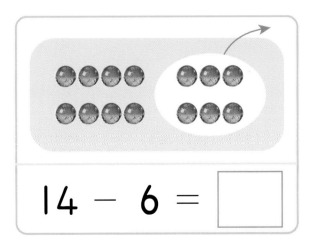

$$14 - 6 = \boxed{}$$

받아내림이 있는 두 자리 수 - 한 자리 수

| 매우잘함 | 잘함 | 보통 |

◎ 뺄셈을 하여 □ 안에 알맞은 수를 써 보세요.

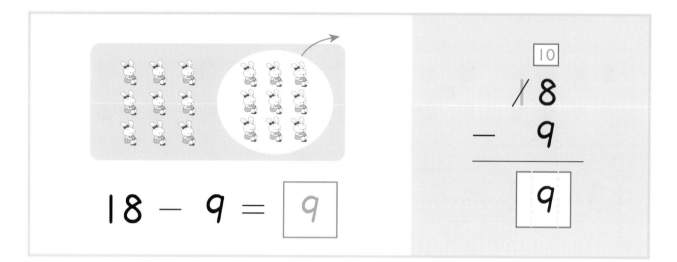

$$18 - 9 = \boxed{9}$$

$$\begin{array}{r} \boxed{10} \\ \cancel{1}8 \\ -\quad 9 \\ \hline \boxed{9} \end{array}$$

$$12 - 6 = \boxed{}$$

$$16 - 9 = \boxed{}$$

$$13 - 4 = \boxed{}$$

$$15 - 8 = \boxed{}$$

$$17 - 9 = \boxed{}$$

$$14 - 5 = \boxed{}$$

$$13 - 5 = \boxed{}$$

$$11 - 3 = \boxed{}$$

$$12 - 3 = \boxed{}$$

$$16 - 7 = \boxed{}$$

받아내림이 있는 두 자리 수 − 한 자리 수

◎ 뺄셈을 하여 ☐ 안에 알맞은 수를 써 보세요.

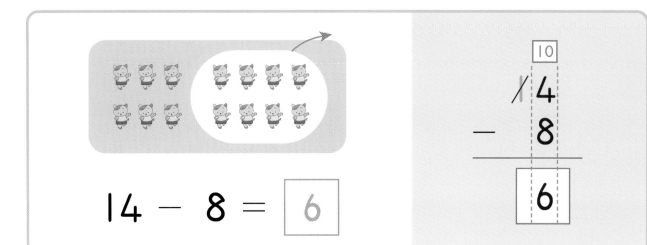

$$14 - 8 = \boxed{6}$$

$$\begin{array}{r} \boxed{10} \\ \not{1}\,4 \\ -\quad 8 \\ \hline \boxed{6} \end{array}$$

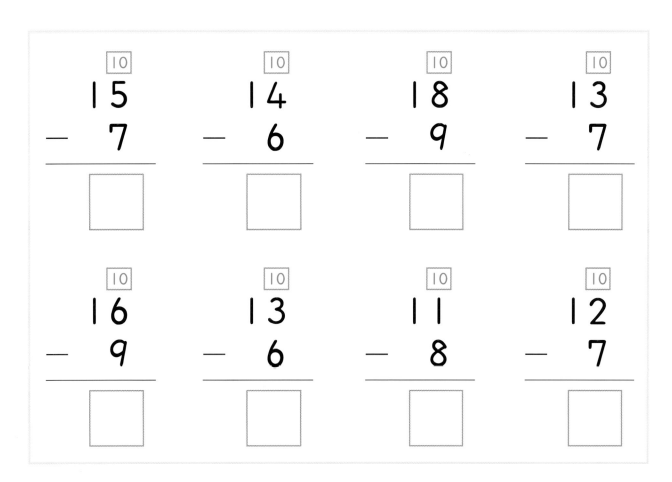

$\boxed{10}$	$\boxed{10}$	$\boxed{10}$	$\boxed{10}$
$\begin{array}{r}15\\-\ 7\\\hline\end{array}$	$\begin{array}{r}14\\-\ 6\\\hline\end{array}$	$\begin{array}{r}18\\-\ 9\\\hline\end{array}$	$\begin{array}{r}13\\-\ 7\\\hline\end{array}$
☐	☐	☐	☐

$\boxed{10}$	$\boxed{10}$	$\boxed{10}$	$\boxed{10}$
$\begin{array}{r}16\\-\ 9\\\hline\end{array}$	$\begin{array}{r}13\\-\ 6\\\hline\end{array}$	$\begin{array}{r}11\\-\ 8\\\hline\end{array}$	$\begin{array}{r}12\\-\ 7\\\hline\end{array}$
☐	☐	☐	☐

받아내림이 있는 두 자리 수 – 한 자리 수

◎ 뺄셈을 하여 □ 안에 알맞은 수를 써 보세요.

11 − 7 = ☐　　　17 − 9 = ☐

13 − 4 = ☐　　　12 − 4 = ☐

14 − 7 = ☐　　　15 − 6 = ☐

10
13
− 8
☐

10
14
− 5
☐

10
16
− 7
☐

10
12
− 7
☐

10
18
− 9
☐

10
13
− 5
☐

10
17
− 8
☐

10
15
− 7
☐

날짜 : 　월　　일

받아내림이 있는 두 자리 수 – 한 자리 수

매우잘함 | 잘함 | 보통

◎ ☐ 안에 알맞은 수를 써 보세요.

인지는 사과 12개를 가지고 있었습니다. 친구와 그 중 6개를 먹었습니다. 남은 사과는 몇 개입니까?

☐ － ☐ ＝ ☐ 개

민호는 풍선 13개를 가지고 있습니다. 그 중 7개를 동생에게 주었습니다. 민호가 가지고 있는 풍선은 몇 개입니까?

☐ － ☐ ＝ ☐ 개

바구니에 딸기가 14개 있었습니다. 민성이가 딸기를 8개 먹었습니다. 바구니에 남아 있는 딸기는 몇 개입니까?

☐ － ☐ ＝ ☐ 개

받아올림이 없는 두 자리 수 + 두 자리 수

| 매우잘함 | 잘함 | 보통 |

◎ □ 안에 알맞은 수를 써 보세요.

$$10 + 50 = \boxed{60}$$

$$\begin{array}{r} 10 \\ + 50 \\ \hline \boxed{60} \end{array}$$

$$20 + 30 = \boxed{}$$

$$\begin{array}{r} 20 \\ + 30 \\ \hline \boxed{} \end{array}$$

$$40 + 50 = \boxed{}$$

$$\begin{array}{r} 40 \\ + 50 \\ \hline \boxed{} \end{array}$$

받아올림이 없는 두 자리 수 + 두 자리 수

◎ ☐ 안에 알맞은 수를 써 보세요.

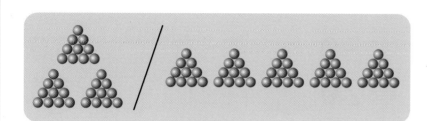

$$30 + 50 = \boxed{}$$

$$\begin{array}{r} 30 \\ + 50 \\ \hline \boxed{} \end{array}$$

$$40 + 20 = \boxed{} \qquad 30 + 20 = \boxed{}$$

$$30 + 40 = \boxed{} \qquad 20 + 40 = \boxed{}$$

$$10 + 30 = \boxed{} \qquad 50 + 30 = \boxed{}$$

$$\begin{array}{r} 60 \\ + 20 \\ \hline \boxed{} \end{array} \qquad \begin{array}{r} 20 \\ + 70 \\ \hline \boxed{} \end{array} \qquad \begin{array}{r} 60 \\ + 10 \\ \hline \boxed{} \end{array} \qquad \begin{array}{r} 10 \\ + 20 \\ \hline \boxed{} \end{array}$$

받아올림이 없는 두 자리 수 + 두 자리 수

◎ □ 안에 알맞은 수를 써 보세요.

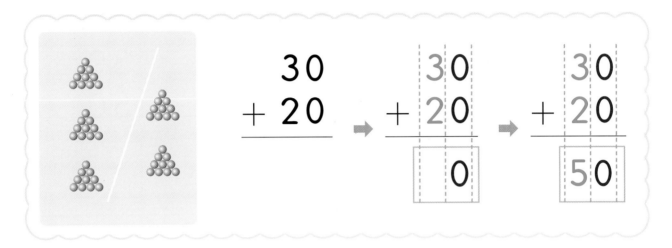

$$
\begin{array}{r} 30 \\ + 20 \\ \hline \end{array}
\Rightarrow
\begin{array}{r} 30 \\ + 20 \\ \hline 0 \end{array}
\Rightarrow
\begin{array}{r} 30 \\ + 20 \\ \hline 50 \end{array}
$$

$$
\begin{array}{r} 20 \\ + 30 \\ \hline \end{array}
\qquad
\begin{array}{r} 20 \\ + 40 \\ \hline \end{array}
\qquad
\begin{array}{r} 40 \\ + 50 \\ \hline \end{array}
\qquad
\begin{array}{r} 50 \\ + 20 \\ \hline \end{array}
$$

$$
\begin{array}{r} 10 \\ + 40 \\ \hline \end{array}
\qquad
\begin{array}{r} 70 \\ + 10 \\ \hline \end{array}
\qquad
\begin{array}{r} 40 \\ + 30 \\ \hline \end{array}
\qquad
\begin{array}{r} 60 \\ + 20 \\ \hline \end{array}
$$

받아올림이 없는 두 자리 수 + 두 자리 수

◎ ☐ 안에 알맞은 수를 써 보세요.

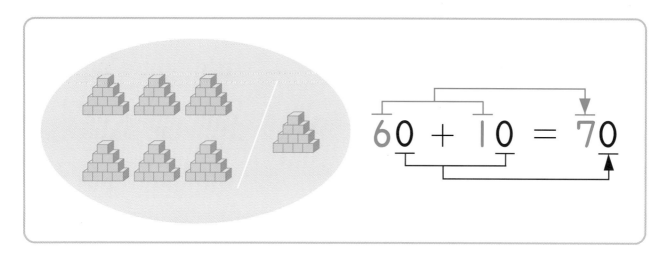

$$60 + 10 = 70$$

40 + 10 = ☐　　20 + 10 = ☐

30 + 30 = ☐　　70 + 20 = ☐

20 + 40 = ☐　　30 + 20 = ☐

```
  20        50           60        40
+ 20      + 40         + 10      + 30
─────     ─────        ─────     ─────
 ☐         ☐            ☐         ☐
```

받아올림이 없는 두 자리 수 + 두 자리 수

◎ 덧셈을 하여 ☐ 안에 알맞은 수를 써 보세요.

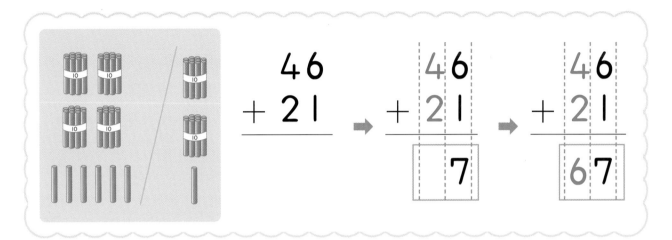

$$46 + 21$$

$23 \\ +10$	$18 \\ +30$	$17 \\ +40$	$38 \\ +20$
☐	☐	☐	☐

$25 \\ +11$	$34 \\ +12$	$25 \\ +23$	$43 \\ +25$
☐	☐	☐	☐

받아올림이 없는 두 자리 수 + 두 자리 수

매우잘함　잘함　보통

◎ 덧셈을 하여 □ 안에 알맞은 수를 써 보세요.

$16 + 10 =$ □　　　$23 + 10 =$ □

$32 + 11 =$ □　　　$25 + 22 =$ □

$35 + 24 =$ □　　　$16 + 32 =$ □

$$\begin{array}{r} 36 \\ + 20 \\ \hline \end{array}$$ □
$$\begin{array}{r} 18 \\ + 30 \\ \hline \end{array}$$ □
$$\begin{array}{r} 20 \\ + 35 \\ \hline \end{array}$$ □
$$\begin{array}{r} 30 \\ + 43 \\ \hline \end{array}$$ □

$$\begin{array}{r} 28 \\ + 31 \\ \hline \end{array}$$ □
$$\begin{array}{r} 55 \\ + 13 \\ \hline \end{array}$$ □
$$\begin{array}{r} 27 \\ + 12 \\ \hline \end{array}$$ □
$$\begin{array}{r} 26 \\ + 41 \\ \hline \end{array}$$ □

받아내림이 없는 두 자리 수 − 두 자리 수

매우잘함 | 잘함 | 보통

◎ 그림을 보고 ☐ 안에 알맞은 수를 써 보세요.

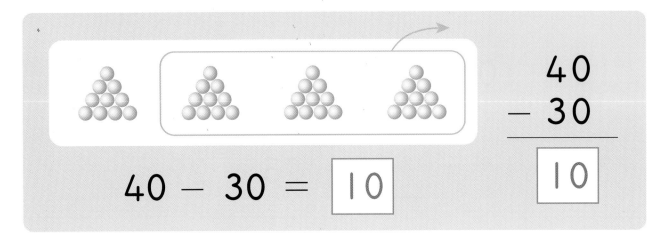

$$40 - 30 = \boxed{10}$$

$$\begin{array}{r} 40 \\ -\ 30 \\ \hline \boxed{10} \end{array}$$

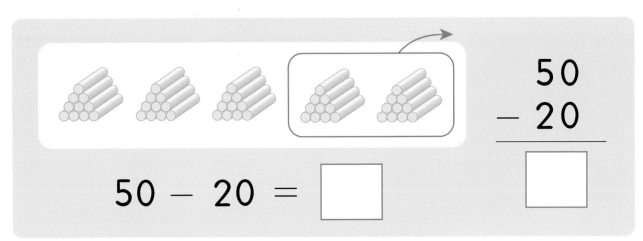

$$50 - 20 = \boxed{}$$

$$\begin{array}{r} 50 \\ -\ 20 \\ \hline \boxed{} \end{array}$$

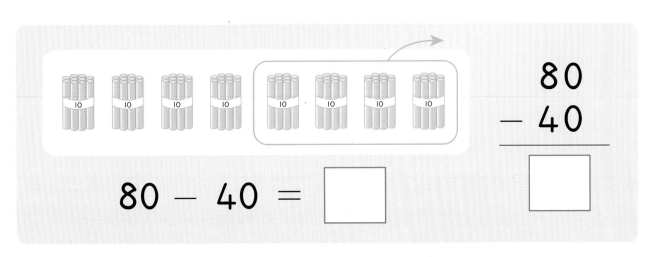

$$80 - 40 = \boxed{}$$

$$\begin{array}{r} 80 \\ -\ 40 \\ \hline \boxed{} \end{array}$$

받아내림이 없는 두 자리 수 – 두 자리 수

◎ 뺄셈을 하여 □ 안에 알맞은 수를 써 보세요.

$$40 - 20 = \boxed{}$$

$$\begin{array}{r} 40 \\ -\ 20 \\ \hline \boxed{} \end{array}$$

$$20 - 10 = \boxed{} \qquad 30 - 10 = \boxed{}$$

$$50 - 20 = \boxed{} \qquad 40 - 30 = \boxed{}$$

$$60 - 30 = \boxed{} \qquad 70 - 50 = \boxed{}$$

$$\begin{array}{r} 90 \\ -\ 40 \\ \hline \boxed{} \end{array} \qquad \begin{array}{r} 70 \\ -\ 30 \\ \hline \boxed{} \end{array} \qquad \begin{array}{r} 30 \\ -\ 20 \\ \hline \boxed{} \end{array} \qquad \begin{array}{r} 50 \\ -\ 10 \\ \hline \boxed{} \end{array}$$

받아내림이 없는 두 자리 수 – 두 자리 수

◎ 뺄셈을 하여 □ 안에 알맞은 수를 써 보세요.

$$
\begin{array}{r} 50 \\ -\ 20 \\ \hline \end{array}
\quad\Rightarrow\quad
\begin{array}{r} 50 \\ -\ 20 \\ \hline \boxed{0} \end{array}
\quad\Rightarrow\quad
\begin{array}{r} 50 \\ -\ 20 \\ \hline \boxed{30} \end{array}
$$

$$
\begin{array}{r} 20 \\ -\ 10 \\ \hline \square \end{array}
\qquad
\begin{array}{r} 30 \\ -\ 20 \\ \hline \square \end{array}
\qquad
\begin{array}{r} 90 \\ -\ 40 \\ \hline \square \end{array}
\qquad
\begin{array}{r} 40 \\ -\ 20 \\ \hline \square \end{array}
$$

$$
\begin{array}{r} 50 \\ -\ 10 \\ \hline \square \end{array}
\qquad
\begin{array}{r} 80 \\ -\ 50 \\ \hline \square \end{array}
\qquad
\begin{array}{r} 70 \\ -\ 30 \\ \hline \square \end{array}
\qquad
\begin{array}{r} 60 \\ -\ 30 \\ \hline \square \end{array}
$$

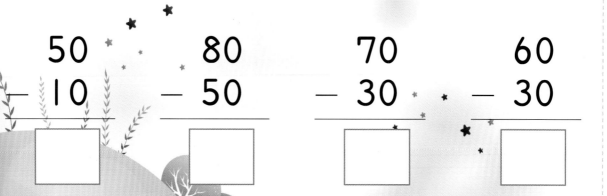

받아내림이 없는 두 자리 수 - 두 자리 수

매우잘함 | 잘함 | 보통

◎ 뺄셈을 하여 ☐ 안에 알맞은 수를 써 보세요.

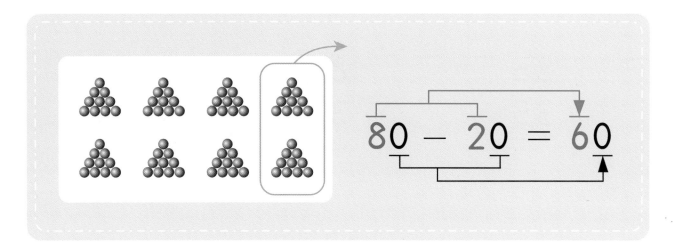

$$80 - 20 = 60$$

$40 - 10 = \boxed{}$　　　$60 - 40 = \boxed{}$

$60 - 30 = \boxed{}$　　　$80 - 50 = \boxed{}$

$50 - 10 = \boxed{}$　　　$70 - 40 = \boxed{}$

$$\begin{array}{r} 80 \\ -\ 30 \\ \hline \boxed{} \end{array} \qquad \begin{array}{r} 50 \\ -\ 40 \\ \hline \boxed{} \end{array} \qquad \begin{array}{r} 40 \\ -\ 20 \\ \hline \boxed{} \end{array} \qquad \begin{array}{r} 70 \\ -\ 20 \\ \hline \boxed{} \end{array}$$

받아내림이 없는 두 자리 수 – 두 자리 수

매우잘함 잘함 보통

◎ 뺄셈을 하여 □ 안에 알맞은 수를 써 보세요.

$$\begin{array}{r} 86 \\ -\ 35 \\ \hline \end{array}$$ ➡ $$\begin{array}{r} 86 \\ -\ 35 \\ \hline 1 \end{array}$$ ➡ $$\begin{array}{r} 86 \\ -\ 35 \\ \hline 51 \end{array}$$

$$\begin{array}{r} 29 \\ -\ 10 \\ \hline \end{array}$$

$$\begin{array}{r} 35 \\ -\ 20 \\ \hline \end{array}$$

$$\begin{array}{r} 46 \\ -\ 30 \\ \hline \end{array}$$

$$\begin{array}{r} 53 \\ -\ 20 \\ \hline \end{array}$$

$$\begin{array}{r} 58 \\ -\ 38 \\ \hline \end{array}$$

$$\begin{array}{r} 68 \\ -\ 46 \\ \hline \end{array}$$

$$\begin{array}{r} 84 \\ -\ 40 \\ \hline \end{array}$$

$$\begin{array}{r} 85 \\ -\ 34 \\ \hline \end{array}$$

받아내림이 없는 두 자리 수 – 두 자리 수

◎ 뺄셈을 하여 ☐ 안에 알맞은 수를 써 보세요.

$45 - 20 =$ ☐　　　　$27 - 10 =$ ☐

$54 - 30 =$ ☐　　　　$48 - 20 =$ ☐

$49 - 18 =$ ☐　　　　$87 - 26 =$ ☐

$$\begin{array}{r} 24 \\ -\ 12 \\ \hline \end{array}$$ ☐　　$$\begin{array}{r} 39 \\ -\ 18 \\ \hline \end{array}$$ ☐　　$$\begin{array}{r} 38 \\ -\ 16 \\ \hline \end{array}$$ ☐　　$$\begin{array}{r} 25 \\ -\ 14 \\ \hline \end{array}$$ ☐

$$\begin{array}{r} 57 \\ -\ 36 \\ \hline \end{array}$$ ☐　　$$\begin{array}{r} 76 \\ -\ 25 \\ \hline \end{array}$$ ☐　　$$\begin{array}{r} 88 \\ -\ 33 \\ \hline \end{array}$$ ☐　　$$\begin{array}{r} 46 \\ -\ 13 \\ \hline \end{array}$$ ☐

시계 보기

◎ 시계는 어떻게 읽어야 할까요?

- 긴 바늘이 숫자 6을 가리키면 '몇 시 30분' 입니다.

- 짧은 바늘은 숫자와 숫자 사이를 가리키고 있습니다.

- 왼쪽 시계는 '3시 30분' 을 나타냅니다.

7 시 30 분

　시　　분

　시　　분

　시　　분

　시　　분

　시　　분

시계 보기

◎ 시각에 맞게 긴 바늘 스티커를 붙여 보세요.

 2시 30분

 6시 30분

 9시 30분

 4시 30분

 1시 30분

 7시 30분

 12시 30분

 11시 30분

다른 그림 찾기

매우잘함 | 잘함 | 보통

◎ 두 그림을 비교하여 다른 곳을 3군데 찾아 ○ 해 보세요.

비타민
바로 바로
익힘장

개수 세기

◎ 왼쪽 수보다 하나 더 많은 것에 ○해 보세요.

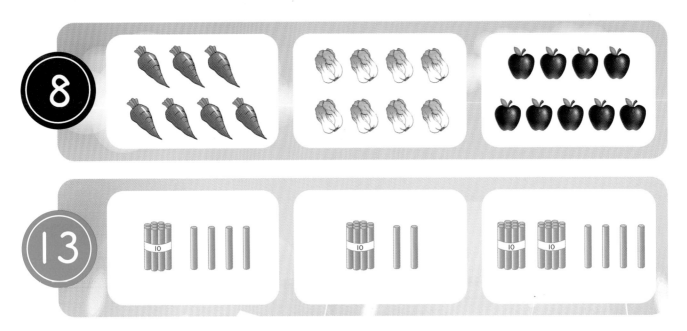

◎ 블록은 몇 개인지 ○안에 수를 써 보세요.

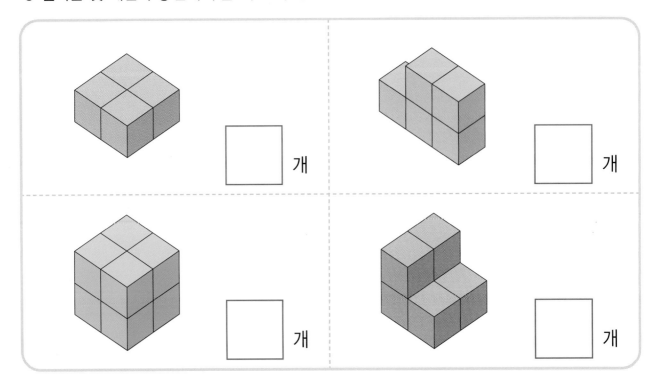

수의 순서

◎ 그림을 보고 관계 있는 것끼리 선으로 이어 보세요.

둘째	첫째	다섯째	넷째	셋째

◎ ☐ 안에 차례수에 맞게 ○를 해 보세요.

1	2	3	4	5
첫째	둘째	셋째	넷째	다섯째

한 자리 수의 덧셈과 뺄셈

◎ □안에 알맞은 수를 써 보세요.

$3 + 6 = \square$

$7 - 2 = \square$

$2 + 7 = \square$

$8 - 6 = \square$

$4 + 2 = \square$

$5 - 3 = \square$

$5 + 4 = \square$

$9 - 7 = \square$

$$\begin{array}{r} 2 \\ + 5 \\ \hline \square \end{array} \qquad \begin{array}{r} 3 \\ + 5 \\ \hline \square \end{array} \qquad \begin{array}{r} 8 \\ - 2 \\ \hline \square \end{array} \qquad \begin{array}{r} 6 \\ - 4 \\ \hline \square \end{array}$$

$$\begin{array}{r} 8 \\ + 1 \\ \hline \square \end{array} \qquad \begin{array}{r} 4 \\ + 3 \\ \hline \square \end{array} \qquad \begin{array}{r} 9 \\ - 5 \\ \hline \square \end{array} \qquad \begin{array}{r} 2 \\ - 1 \\ \hline \square \end{array}$$

한 자리 수의 덧셈과 뺄셈

매우잘함 | 잘함 | 보통

◎ 덧셈과 뺄셈을 하여 답이 같은 것끼리 줄로 이어 보세요.

3 + 2 ·   · 8 − 4

5 + 2 ·   · 5 − 0

1 + 1 ·   · 4 − 2

2 + 2 ·   · 9 − 2

수 51~100 알기

◎ 51~60까지 숫자를 읽고 바르게 써 보세요.

51	오십일 쉰하나	51			
52	오십이 쉰둘	52			
53	오십삼 쉰셋	53			
54	오십사 쉰넷	54			
55	오십오 쉰다섯	55			
56	오십육 쉰여섯	56			
57	오십칠 쉰일곱	57			
58	오십팔 쉰여덟	58			
59	오십구 쉰아홉	59			
60	육십 예순	60			

수 51~100 알기

◎ 61~70까지 숫자를 읽고 바르게 써 보세요.

61	육십일 예순하나	61			
62	육십이 예순둘	62			
63	육십삼 예순셋	63			
64	육십사 예순넷	64			
65	육십오 예순다섯	65			
66	육십육 예순여섯	66			
67	육십칠 예순일곱	67			
68	육십팔 예순여덟	68			
69	육십구 예순아홉	69			
70	칠십 일흔	70			

수 51~100 알기

매우잘함 | 잘함 | 보통

◎ 71~80까지 숫자를 읽고 바르게 써 보세요.

71	칠십일 일흔하나	71				
72	칠십이 일흔둘	72				
73	칠십삼 일흔셋	73				
74	칠십사 일흔넷	74				
75	칠십오 일흔다섯	75				
76	칠십육 일흔여섯	76				
77	칠십칠 일흔일곱	77				
78	칠십팔 일흔여덟	78				
79	칠십구 일흔아홉	79				
80	팔십 여든	80				

수 51~100 알기

◎ 81~90까지 숫자를 읽고 바르게 써 보세요.

81	팔십일 여든하나	81			
82	팔십이 여든둘	82			
83	팔십삼 여든셋	83			
84	팔십사 여든넷	84			
85	팔십오 여든다섯	85			
86	팔십육 여든여섯	86			
87	팔십칠 여든일곱	87			
88	팔십팔 여든여덟	88			
89	팔십구 여든아홉	89			
90	구십 아흔	90			

수 51~100 알기

◎ 91~100까지 숫자를 큰 소리로 읽고 바르게 써 보세요.

91	구십일 아흔하나	91			
92	구십이 아흔둘	92			
93	구십삼 아흔셋	93			
94	구십사 아흔넷	94			
95	구십오 아흔다섯	95			
96	구십육 아흔여섯	96			
97	구십칠 아흔일곱	97			
98	구십팔 아흔여덟	98			
99	구십구 아흔아홉	99			
100	백	100			

수 51~100 다지기

◎ 수의 차례에 맞게 빈 칸에 수를 써 보세요.

71 72 ○ 74 75 76

94 93 92 81 80 77

○ 100 91 ○ 79 ○

○ ○ ○ 83 ○ 85

97 98 89 88 87 86

10의 보수

◎ 그림을 보고 ☐ 안에 알맞은 수를 써 보세요.

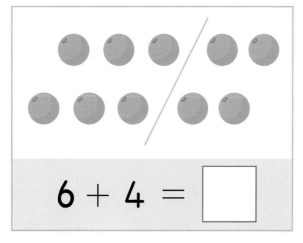

$$6 + 4 = \boxed{}$$

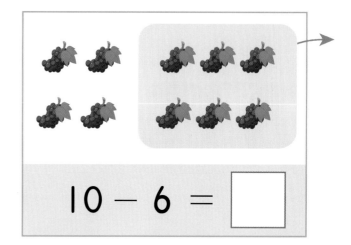

$$10 - 6 = \boxed{}$$

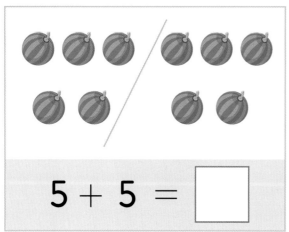

$$5 + 5 = \boxed{}$$

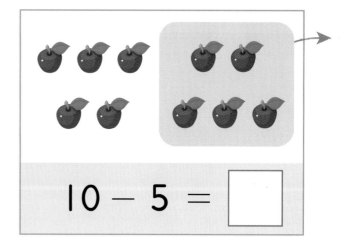

$$10 - 5 = \boxed{}$$

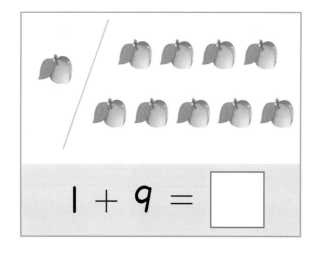

$$1 + 9 = \boxed{}$$

$$10 - 9 = \boxed{}$$

10의 보수

◎ 그림을 보고 ☐ 안에 알맞은 수를 써 보세요.

$5 + 5 = $ ☐

$5 + $ ☐ $ = 10$

$10 - 5 = $ ☐

$6 + 4 = $ ☐

$6 + $ ☐ $ = 10$

$10 - 4 = $ ☐

$3 + 7 = $ ☐

$7 + $ ☐ $ = 10$

$10 - 3 = $ ☐

세 수의 덧셈과 뺄셈

매우잘함 | 잘함 | 보통

◎ □안에 알맞은 수를 써 보세요.

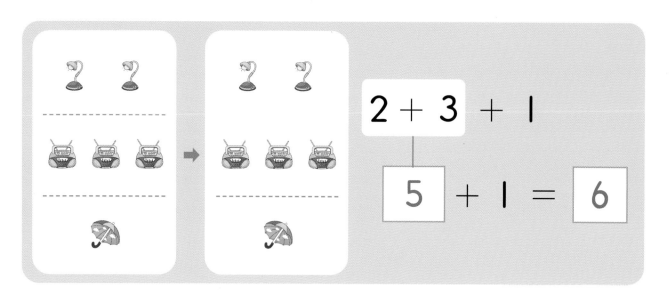

$2 + 3 + 1$

$5 + 1 = 6$

$4 + 2 + 3$

$\square + 3 = \square$

$2 + 2 + 3$

$\square + 3 = \square$

$3 + 4 + 1$

$\square + 1 = \square$

$4 + 1 + 1$

$\square + 1 = \square$

$5 + 2 + 2$

$\square + 2 = \square$

$3 + 2 + 4$

$\square + 4 = \square$

세 수의 덧셈과 뺄셈

◎ ☐안에 알맞은 수를 써 보세요.

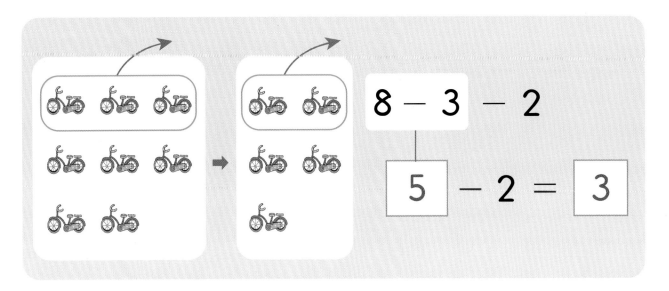

$$8 - 3 - 2$$

$$\boxed{5} - 2 = \boxed{3}$$

$9 - 5 - 2$

$$\boxed{} - 2 = \boxed{}$$

$6 - 2 - 1$

$$\boxed{} - 1 = \boxed{}$$

$7 - 2 - 3$

$$\boxed{} - 3 = \boxed{}$$

$7 - 1 - 2$

$$\boxed{} - 2 = \boxed{}$$

$8 - 1 - 4$

$$\boxed{} - 4 = \boxed{}$$

$9 - 4 - 3$

$$\boxed{} - 3 = \boxed{}$$

받아올림 · 내림이 없는 두 자리 수 ± 한 자리 수

◎ 덧셈과 뺄셈을 하여 □안에 알맞은 수를 써 보세요.

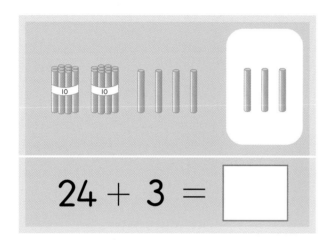

$$24 + 3 = \boxed{}$$

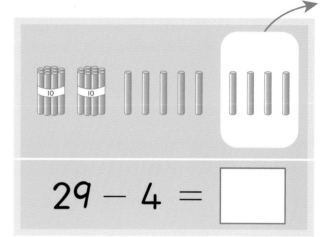

$$29 - 4 = \boxed{}$$

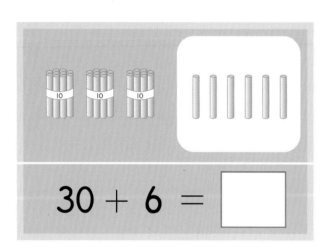

$$30 + 6 = \boxed{}$$

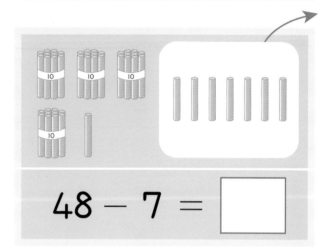

$$48 - 7 = \boxed{}$$

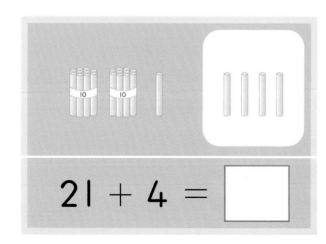

$$21 + 4 = \boxed{}$$

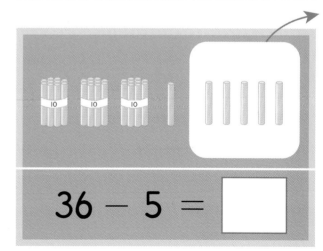

$$36 - 5 = \boxed{}$$

받아올림 · 내림이 없는 두 자리 수 ± 한 자리 수

매우잘함 | 잘함 | 보통

◎ 덧셈과 뺄셈을 하여 □ 안에 알맞은 수를 써 보세요.

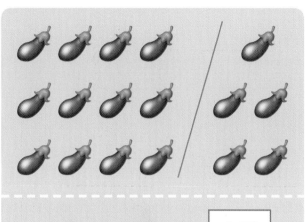

$$12 + 5 = \boxed{17}$$

$$15 - 2 = \boxed{13}$$

$$24 + 3 = \boxed{}$$

$$16 - 3 = \boxed{}$$

$$33 + 4 = \boxed{}$$

$$47 - 6 = \boxed{}$$

$$45 + 1 = \boxed{}$$

$$34 - 3 = \boxed{}$$

$$22 + 6 = \boxed{}$$

$$55 - 2 = \boxed{}$$

$$17 + 2 = \boxed{}$$

$$18 - 7 = \boxed{}$$

2~9의 보수

◎ 합이 왼쪽의 수가 되도록 빈 칸에 ○해 보세요.

2~9의 보수

| 매우잘함 | 잘함 | 보통 |

◎ 합이 왼쪽의 수가 되도록 빈 칸에 ○해 보세요.

받아올림이 있는 한 자리 수 + 한 자리 수

◎ ☐안에 알맞은 수를 써 보세요.

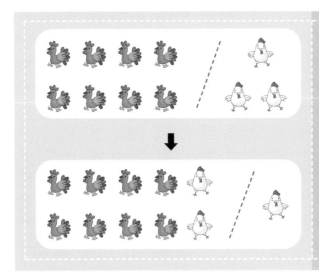

$$8 + 3$$

$$8 + \boxed{2} + \boxed{1}$$

$$10 + \boxed{1} = \boxed{11}$$

$$6 + 5$$

$$6 + \boxed{} + \boxed{}$$

$$10 + \boxed{} = \boxed{}$$

$$7 + 7$$

$$7 + \boxed{} + \boxed{}$$

$$10 + \boxed{} = \boxed{}$$

$$8 + 4$$

$$8 + \boxed{} + \boxed{}$$

$$10 + \boxed{} = \boxed{}$$

$$9 + 3$$

$$9 + \boxed{} + \boxed{}$$

$$10 + \boxed{} = \boxed{}$$

받아올림이 있는 한 자리 수 + 한 자리 수

◎ □안에 알맞은 수를 써 보세요.

8 + 8

8 + □ + □

10 + □ = □

7 + 5

7 + □ + □

10 + □ = □

6 + 7

6 + □ + □

10 + □ = □

5 + 9

5 + □ + □

10 + □ = □

9 + 4

9 + □ + □

10 + □ = □

4 + 8

4 + □ + □

10 + □ = □

받아올림이 있는 한 자리 수 + 한 자리 수

매우잘함 | 잘함 | 보통

◎ 덧셈을 하여 □안에 알맞은 수를 써 보세요.

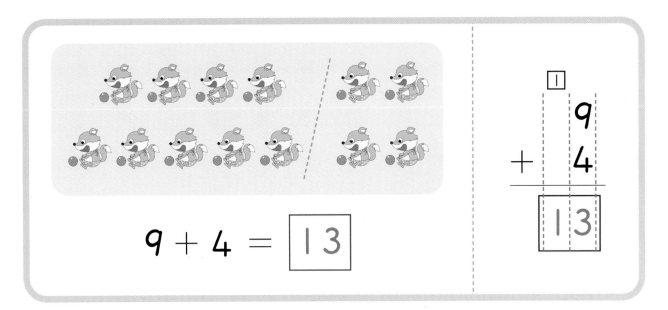

$$9 + 4 = \boxed{13}$$

$$\begin{array}{r} \boxed{1} \\ 9 \\ + \ 4 \\ \hline \boxed{13} \end{array}$$

□	□	□	□

$$\begin{array}{r} 8 \\ + \ 6 \\ \hline \end{array}$$

$$\begin{array}{r} 7 \\ + \ 5 \\ \hline \end{array}$$

$$\begin{array}{r} 9 \\ + \ 3 \\ \hline \end{array}$$

$$\begin{array}{r} 7 \\ + \ 7 \\ \hline \end{array}$$

$$\begin{array}{r} 4 \\ + \ 8 \\ \hline \end{array}$$

$$\begin{array}{r} 9 \\ + \ 5 \\ \hline \end{array}$$

$$\begin{array}{r} 6 \\ + \ 5 \\ \hline \end{array}$$

$$\begin{array}{r} 5 \\ + \ 7 \\ \hline \end{array}$$

받아올림이 있는 한 자리 수 + 한 자리 수

매우잘함 | 잘함 | 보통

◎ □ 안에 알맞은 수를 써 보세요.

7 + 8 = □   3 + 7 = □

4 + 9 = □   8 + 5 = □

6 + 5 = □   9 + 2 = □

8 + 4 = □   6 + 8 = □

□
　5
+　9
□

□
　6
+　6
□

□
　9
+　8
□

□
　3
+　9
□

□
　8
+　7
□

□
　5
+　5
□

□
　7
+　9
□

□
　8
+　7
□

받아내림이 있는 두 자리 수 – 한 자리 수

| 매우잘함 | 잘함 | 보통 |

◎ 그림을 보고 ☐ 안에 알맞은 수를 써 보세요.

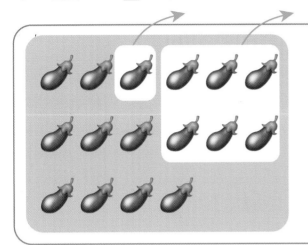

$16 - 7$

$16 - 6 - 1$

$\boxed{10} - 1 = \boxed{9}$

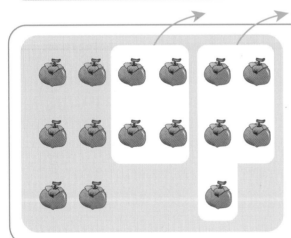

$15 - 9$

$15 - 5 - 4$

$\boxed{} - 4 = \boxed{}$

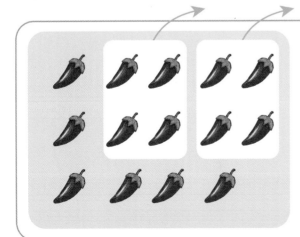

$14 - 8$

$14 - 4 - 4$

$\boxed{} - 4 = \boxed{}$

받아내림이 있는 두 자리 수 − 한 자리 수

매우잘함 　잘함　 보통

◎ □안에 알맞은 수를 써 보세요.

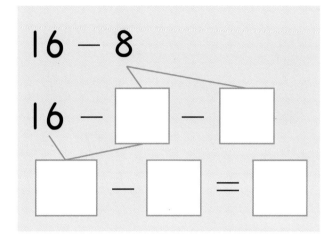

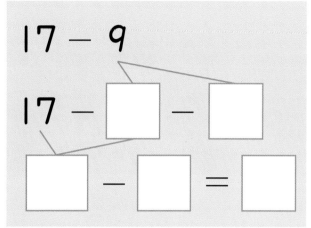

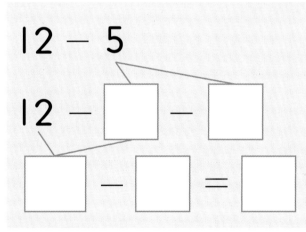

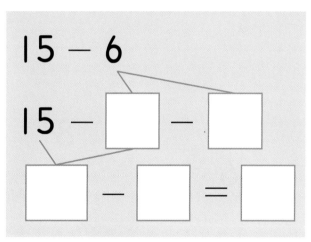

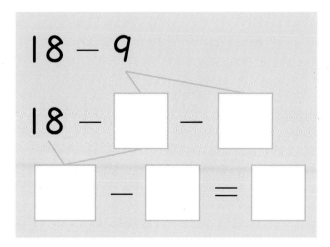

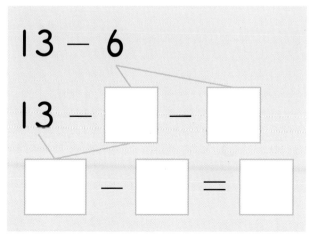

받아내림이 있는 두 자리 수 − 한 자리 수

◎ 뺄셈을 하여 □ 안에 알맞은 수를 써 보세요.

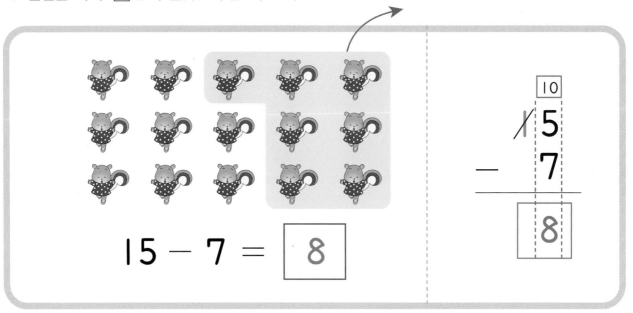

$$15 - 7 = \boxed{8}$$

$$\begin{array}{r} \boxed{10} \\ \cancel{1}5 \\ -7 \\ \hline \boxed{8} \end{array}$$

□	□	□	□
14	18	11	16
− 6	− 9	− 7	− 9
□	□	□	□

□	□	□	□
13	12	17	11
− 8	− 6	− 8	− 5
□	□	□	□

받아내림이 있는 두 자리 수 − 한 자리 수

매우잘함 | 잘함 | 보통

◎ ☐ 안에 알맞은 수를 써 보세요.

$12 - 3 = \boxed{}$　　　　$11 - 4 = \boxed{}$

$15 - 8 = \boxed{}$　　　　$13 - 6 = \boxed{}$

$16 - 9 = \boxed{}$　　　　$12 - 4 = \boxed{}$

$14 - 5 = \boxed{}$　　　　$15 - 9 = \boxed{}$

$$\boxed{}\\ 13 \\ -\ 7 \\ \hline \boxed{}$$ 　 $$\boxed{}\\ 11 \\ -\ 6 \\ \hline \boxed{}$$ 　 $$\boxed{}\\ 12 \\ -\ 8 \\ \hline \boxed{}$$ 　 $$\boxed{}\\ 14 \\ -\ 7 \\ \hline \boxed{}$$

$$\boxed{}\\ 14 \\ -\ 8 \\ \hline \boxed{}$$ 　 $$\boxed{}\\ 15 \\ -\ 6 \\ \hline \boxed{}$$ 　 $$\boxed{}\\ 16 \\ -\ 8 \\ \hline \boxed{}$$ 　 $$\boxed{}\\ 17 \\ -\ 9 \\ \hline \boxed{}$$

받아올림 · 받아내림이 없는 두 자리 수 ± 두 자리 수

매우잘함 | 잘함 | 보통

◎ 덧셈을 하여 ☐ 안에 알맞은 수를 써 보세요.

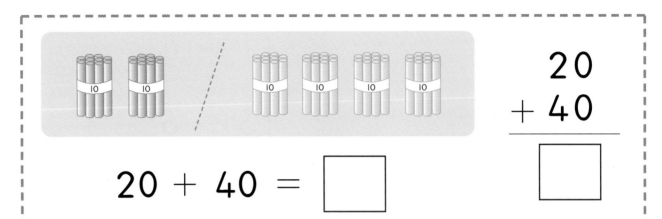

$$20 + 40 = \boxed{}$$

$$\begin{array}{r} 20 \\ + 40 \\ \hline \boxed{} \end{array}$$

$$10 + 60 = \boxed{} \qquad 15 + 24 = \boxed{}$$

$$50 + 20 = \boxed{} \qquad 31 + 43 = \boxed{}$$

$$30 + 30 = \boxed{} \qquad 52 + 21 = \boxed{}$$

$$40 + 20 = \boxed{} \qquad 16 + 40 = \boxed{}$$

$$\begin{array}{r} 60 \\ + 20 \\ \hline \boxed{} \end{array} \qquad \begin{array}{r} 50 \\ + 40 \\ \hline \boxed{} \end{array} \qquad \begin{array}{r} 64 \\ + 13 \\ \hline \boxed{} \end{array} \qquad \begin{array}{r} 45 \\ + 32 \\ \hline \boxed{} \end{array}$$

받아올림 · 받아내림이 없는 두 자리 수 ± 두 자리 수

매우잘함 | 잘함 | 보통

◎ 뺄셈을 하여 ☐ 안에 알맞은 수를 써 보세요.

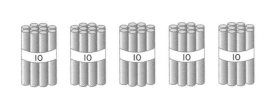 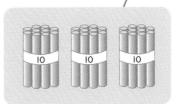

$$80 - 30 = \boxed{}$$

$$60 - 20 = \boxed{} \qquad 37 - 21 = \boxed{}$$

$$40 - 10 = \boxed{} \qquad 46 - 22 = \boxed{}$$

$$80 - 50 = \boxed{} \qquad 52 - 10 = \boxed{}$$

$$70 - 60 = \boxed{} \qquad 85 - 43 = \boxed{}$$

시계 보기

◎ 같은 시각끼리 줄로 이어 보세요.

   •   8 : 30   •   

•   5 : 30   •

   •   4 : 30   •   

•   1 : 30   •

•   3 : 30   •

   •   9 : 30   •   

•   2 : 30   •

   •   10 : 30   •   

시계 보기

◎ 시계가 나타내는 시각을 써 보세요.

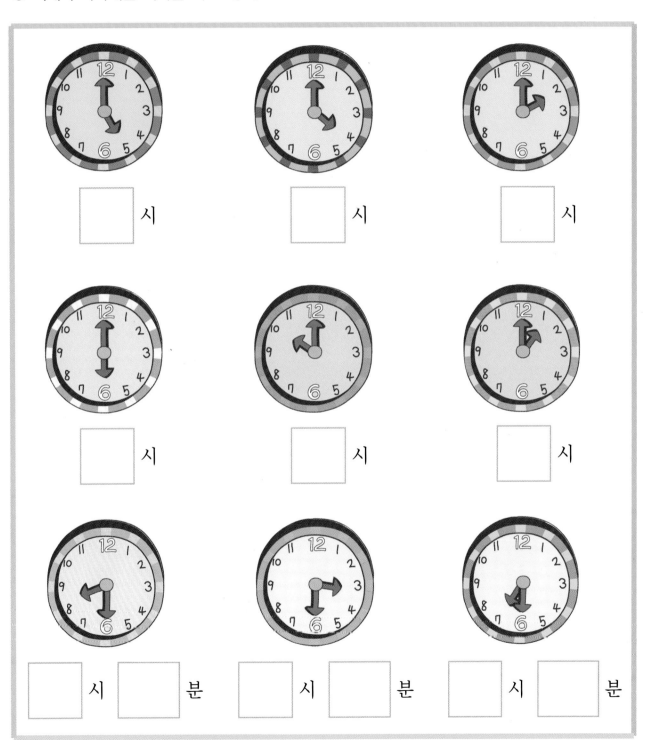

| ☐ 시 | ☐ 시 | ☐ 시 |

| ☐ 시 | ☐ 시 | ☐ 시 |

| ☐ 시 ☐ 분 | ☐ 시 ☐ 분 | ☐ 시 ☐ 분 |

화폐 알기

매우잘함 | 잘함 | 보통

◎ 얼마인지 세어 보고 ☐ 안에 알맞은 수를 써 보세요.

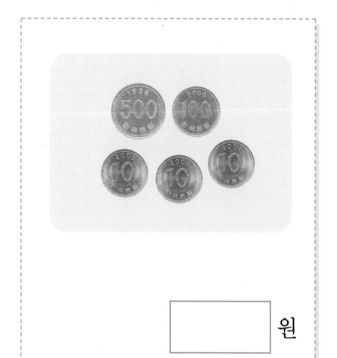

☐ 원

☐ 원

☐ 원

☐ 원

 ⑤ 스티커

4쪽

41쪽 37 34 23 46

52쪽 16 16 32 22 23 33 43 23

6쪽

69쪽 11 14 16 17 13 12

18쪽 6 5

25쪽 9 8 9 7 8 6

74쪽 10 8 10 7

37쪽 94 94 95 96 92 97

06쪽